宝贝温暖手编

背心·帽子·鞋袜·手套

尚品荟　主编

东华大学出版社

前言

当宝宝"呱呱"坠地后，总是让一个家庭感受到无限的希望和温暖。妈妈们也总是想给宝宝最贴身、最温暖的保护。

用毛线编织出来的衣物，不仅质地柔和，起到温和、保暖的作用，而且能给宝宝衣物的世界带去娇憨可爱的气息，让宝宝生活在一个充满爱意和温暖的世界里。

在阳光明媚的午后，泡上一壶清茶，坐在藤椅上，用一支钩针或者两根棒针，把我们的爱意通过编织传递出来，给宝贝带去温暖，还有比这个更幸福的事情吗？

本书为各位妈妈们做好了准备，带领您走进编织的世界。编者精心汇编了50多种不同类型的宝宝衣物供您选择，满足您各种各样不同的要求。本书每款作品都有编织图解，直观易懂，即使是新手也能较快地上手；所选的款式新颖，独一无二，有小花图案款、动物图案款等简洁又生动的款式。编者力求文字和图片以一种完美的形式展现在您面前，让您跟着图解就能轻松编织出既漂亮又温暖的织品给自己心爱的宝宝。

目录

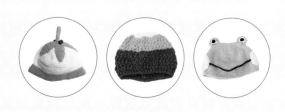

童趣毛编鞋袜·········69

温暖手编手套·······99

编织基础

　　本章主要是介绍编织前的准备，包括编织常用的棒针和钩针的基本针法和符号，在编织的时候所要涉及到的钩针和棒针符号对照等基础知识，让您能够轻松地掌握编织的基本技法。

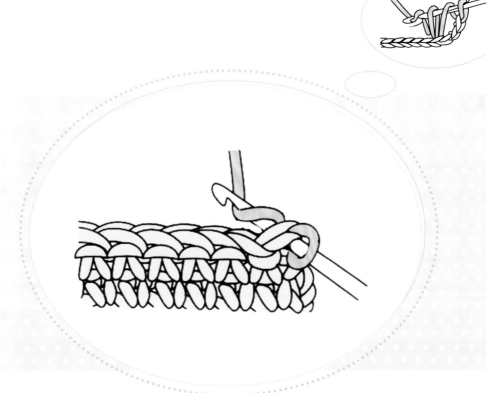

钩针基础针法

锁针（辫子针）

① 首先，钩针如图所示钩线。

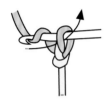

② 将钩住的线按图所示的方向从环中拉出。

③ 重复步骤1~2直至钩完。

④ 此图为钩织完成后辫子针的正面。

短针

① 先钩出一段辫子针，然后从第1针开始，在第2针的内圈中插入钩针。

② 按图所示绕线后，沿箭头方向从环中拉出钩针。

③ 重复再绕线一次，沿箭头方向穿两个环，拉出线头。

④ 第1针短针完成。

⑤ 重复步骤1~3钩织下一针，直至完成。

① 首先钩出一段辫子针，然后在尾部处加2针立针，如图所示绕线，沿箭头方向在第4针辫子针的内圈插过钩针。

② 按箭头方向将三个线圈并在一起钩出。

③ 完成1针中长针后，继续钩下一针。

④ 如图所示，重复步骤1~2钩织，直至完成。

长针

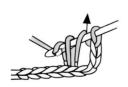

钩出一段锁针，在尾部处加3针立针，如图示绕线，按箭头方向在第5针锁针的内圈插入钩针。

如图示绕线，再按箭头方向从环中拉出线圈。

如图示绕线，再按箭头方向2针并1针拉出线圈。

如图示继续绕线，以同样的方法2针并1针拉出线圈。

如图示，继续按前面方法运针，直至完成。

引拔针

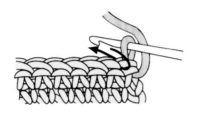

① 钩针上不带线，然后沿箭头方向插针。

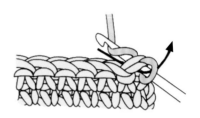

② 如图所示，在钩针上绕线，沿箭头方向引拔。

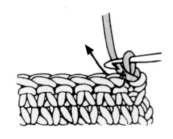

③ 1针引拔针完成。

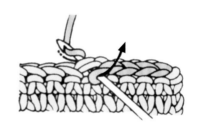

④ 钩织时钩针容易歪斜，所以线要慢慢地拉出。

钩针号码对照

普通钩针号码	2/0	3/0	4/0	5/0	6/0	7/0	7.5/0	8/0	9/0	10/0
直径（mm）	2.00	2.30	2.50	3.00	3.50	4.00	4.50	5.00	5.50	6.00
花边钩针号码	0	2	4	6	8	10	12	14	—	—
直径（mm）	1.75	1.50	1.25	1.00	0.90	0.75	0.60	0.50	—	—
大号钩针号码	7	8	10	12	—	—	—	—	—	—
直径（mm）	7	8	10	12	—	—	—	—	—	—

棒针基本针法

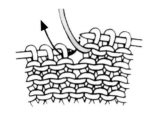

❶将右棒针沿箭头方向插入左棒针右边第一个线圈内。

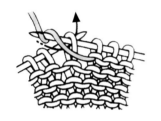

❷将线绕在右棒针上，并沿箭头方向将线圈挑出。

❸将左棒针线圈从左棒针上拉出，上针完成。

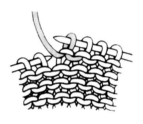

❹接着依次从右向左编织。

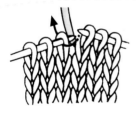

❶如图所示，右棒针沿箭头方向插入左棒针第一个线圈。

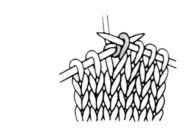

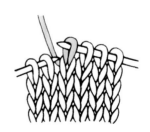

❷在右棒针上绕线，然后沿箭头方向挂线拉出。

❸将左棒针上的线圈从左棒针上拉出，下针完成。

❹接着依次从右向左编织。

扭转上针

① 如图所示，将右棒针按箭头方向插入左棒针右边第一个线圈。

② 将线如图所示绕在右棒针上，按箭头所示方向拉出。

③ 将右棒针从线圈中拉出后，再将左棒针从线圈中拉出。

④ 扭转上针编织完成。

扭转下针

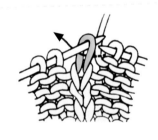

① 如图所示，将右棒针沿箭头方向插入左棒针上右边第一个线圈中。

② 将线如图所示绕在右棒针上，按箭头方向拉出。

③ 将左棒针拉出线圈后，底部呈扭转状态。

④ 扭转下针完成。

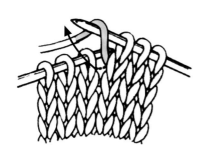

① 在右棒针上按照图示方向绕线，沿箭头方向将右棒针插入左棒针的右边第1个线圈中。

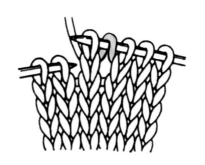

② 接下来用下针织法继续编织。

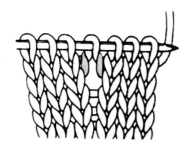

③ 1针镂空针完成。

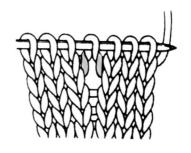

④ 继续运用普通的下针针法编织下1行，直至完成。

棒针号码对照

号码	0号	–号	1号	2号	3号	4号	5号	–号	6号
直径（mm）	2.00	2.25	2.50	2.75	3.00	3.25	3.5	3.75	4.0
号码	7号	8号	9号	10号	11号	12号	13号	14号	15号
直径（mm）	4.25	4.50	4.80	5.00	5.50	5.70	6.00	6.30	6.50
注："–号"代表没有编号									

针法符号说明

钩针符号说明

- - - - - = 连一起钩   👉 = 起点   ▮ =起针方向   ⇑ = 编织方向

——→ = 方向（往）   ←—— = 方向（返）   ×✚ = 短针   ⊤ = 中长针

⊤ = 长针   ⨎ =长长针   ⬭ = 引拔针   ⋀ = 长针2针并1针

○ = 锁针   ♟ = 狗牙针   ⬦ = 3针蜜枣针   ⌇ = 外钩长针

⋏ = 短针2针并1针   ↓ = 一个短针上钩两个短针   Ⅴ =1针分2针长针

⋏ = 两个长长针线并一针   ⋈ = 长1针和2针的交叉

棒针符号说明

- - - - - = 连一起钩   👉 = 起点   ▮ =起针方向   ⇑ = 编织方向

——→ = 方向（往）   ←—— = 方向（返）   ↖ =左加针   ↗ = 右加针

◲ = 左上两针并一针   ◱ = 右上两针并一针   Ⅰ = 下针   ⚊ = 上针

▣ = 加针   ¥ = 浮针   Ⅰ =下针延伸针   Ⅰ =上针延伸针

可爱温暖背心

一件可爱又温暖的小背心可是宝宝们最喜爱的。妈妈们不妨用宝宝喜欢的图案，跟随本章节，DIY简单的宝宝背心，带给宝宝不一样的温暖。

红色喜庆背心·

这款背心采用了对襟的设计，可以方便妈妈帮宝宝穿脱。亮眼的红黄搭配，给人感觉喜庆和可爱。此外，衣服前面的小花和底边花纹等细节的设计，为衣服增添了不少的可爱元素。

❀成品尺寸❀
胸围64cm，衣长34cm

❀材料❀
红色中粗棉线200g，黄色中粗和细棉线各少许

❀工具❀
2mm钩针1支

[编织方法]

1.先织后片，按照针法图从下摆开始往上钩织，起79针锁针，共13个花，钩织到15cm长后，按照后片针法图逐渐减针，钩织出袖窿。

2.衣服前片分为左右两片，按照前片针法图从下摆开始往上钩织，织好左右前片。

3.最后将前、后肩及侧缝线都分别合并好。

4.领口、门襟和袖口分别按边缘针法图编织完成，在门襟的左边均匀的留好扣眼，订好扣子。

5.底边按照底边针法图用黄色线来钩织。

6.按照小花针法图钩织出小花，最后用针织到相应位置即可。

前片结构图　　　　　后片结构图　　　　　小花针法图

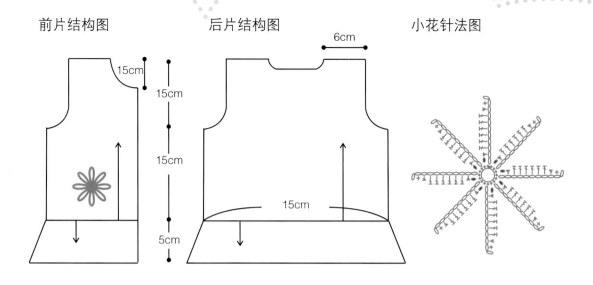

针法图

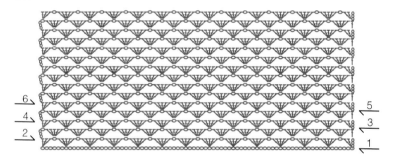

前片针法图　　　　　　　　后片针法图

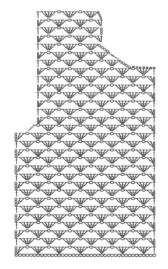
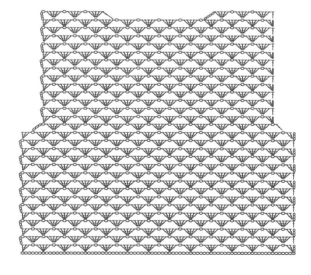

边缘针法图　　　　　　　底边针法图

甜美粉色背心

这款背心整体是由白色毛线钩织而成，在边缘处钩织粉色的花边，给人感觉纯洁甜美。而前面系带的设计，为原本单调的设计增添了一丝亮点。

❀成品尺寸❀
胸围64cm，衣长34cm

❀材　料❀
白色中细棉绒线200g，粉红色中细棉绒线少许

❀工　具❀
2mm钩针1支

[编织方法]

1.先钩织后片，按照针法图从下摆开始住上编织，先起79针锁针，钩织到19cm长后，按照后片针法图逐渐减针，钩织出袖窿。

2.按前片针法图织好左右前片。

3.将前、后肩及侧缝线都分别合并好。

4.用粉红色线按照边缘针法图分别钩织出门襟、领口和袖口。

5.按底针法图用粉红色线钩织好底边。

6.按照系带针法图用粉红色线钩出4根小系带即可。

前片结构图　　　　后片结构图　　　　系带针法图

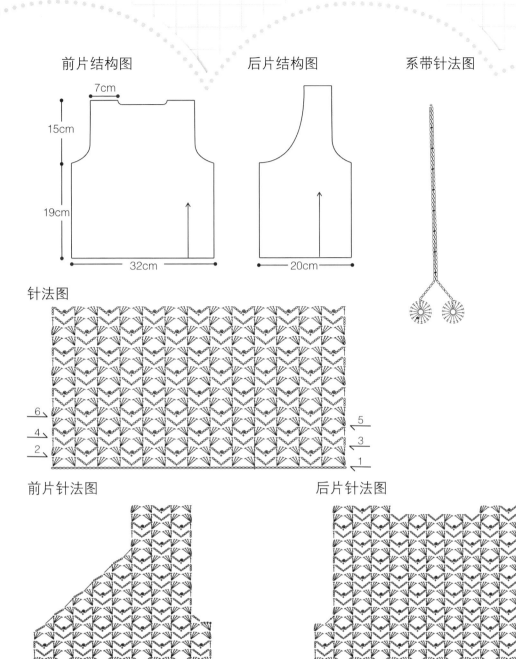

针法图

前片针法图　　　　　　后片针法图

底边针法图

边缘针法图

黄色扭花背心

微笑的纽扣是这款毛衣的特点之一，整体让人如"一米阳光"般沁人心脾。这款背心的颜色非常百搭，无论和什么款式的衣服搭配，都能给人活泼的感觉。

❀成品尺寸❀
胸围64cm，衣长34cm

❀材料❀
黄色中粗棉线200g

❀工具❀
2mm钩针1支

[编织方法]

1.先织后片，按照针法图从下摆开始往上钩织，先起针79锁针，钩织到17cm长后，按照后片针法图逐渐减针，钩织出袖窿。

2.按前片针法图织好左右前片。

3.将前、后肩及侧缝线都分别合并好。

4.按照边缘针法图A均匀钩4圈短针，分别钩织出门襟、领口和下底边。

5.按边缘针法图B钩织出袖口。

6.最后钉上纽扣即可。

前片结构图　　　后片结构图

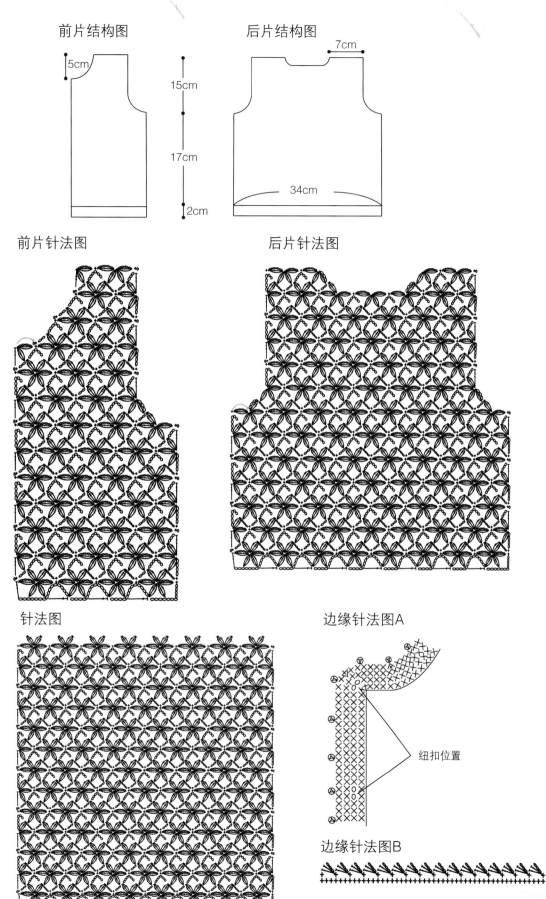

前片针法图　　　后片针法图

针法图　　　边缘针法图A

纽扣位置

边缘针法图B

波浪背心

　　橙、白撞色的条纹设计去除了基本款的单调和乏味，结合细致的针织纹理，提升了整体背心的高雅品位。柔软而舒适的宝宝绒线，能保护宝宝娇嫩的肌肤。前片如同波浪般的花样，仿佛在阳光下熠熠生辉，给这件衣服增添了亮点。

❀ 成品尺寸 ❀
胸围64cm，衣长34cm

❀ 材 料 ❀
白色中粗宝宝绒线200g，橙色中粗宝宝绒线少许

❀ 工 具 ❀
2mm钩针1支

[编织方法]

1.先钩织后片，按照针法图A从下摆开始往上钩织，先起73针，然后白色和橙色相间着向上钩织，织到19cm长后，按图示减针形成袖窿。

2.按照前片针法图织好左右前片。

3.将前、后肩及侧缝线都分别合并好。

4.按照边缘针法图用白色毛线钩织出门襟、领口和底边。

5.按照系带针法图用白色毛线钩出两根小系带即可。

前片结构图　　　后片结构图

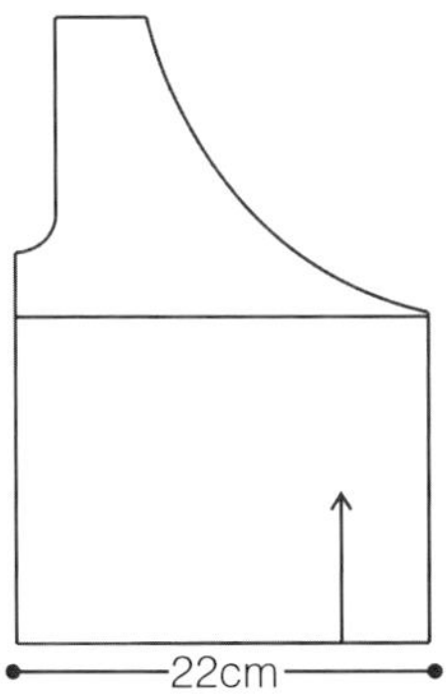

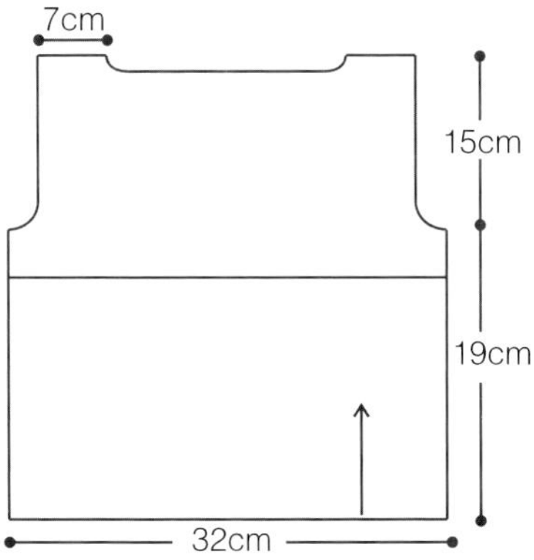

7cm

15cm

19cm

22cm　　　32cm

前片针法图 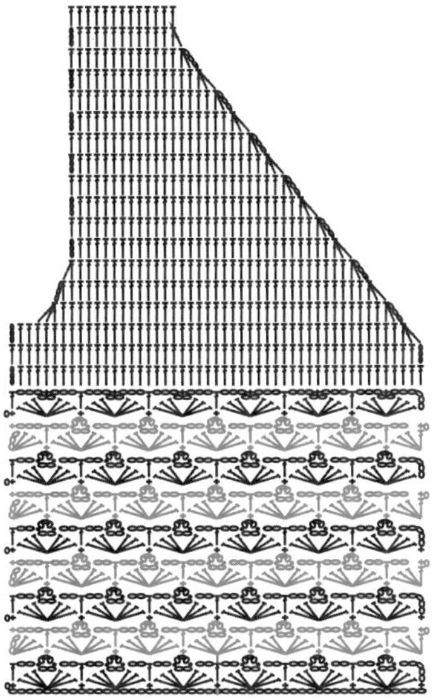　　　后片针法图

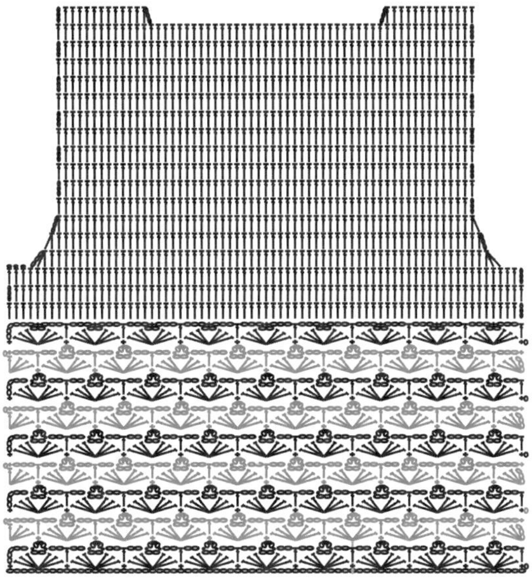

针法图A 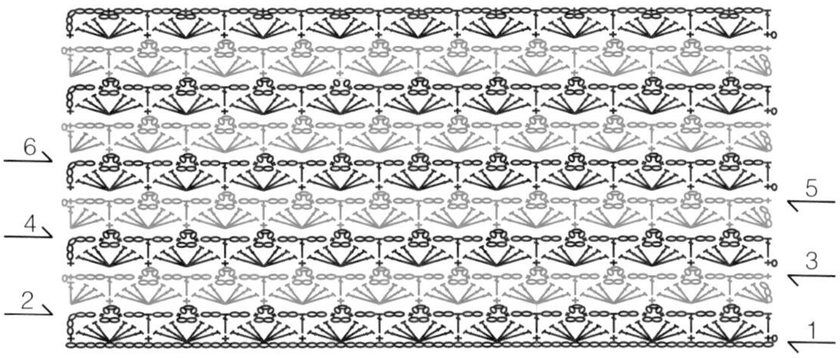　　　系带针法图

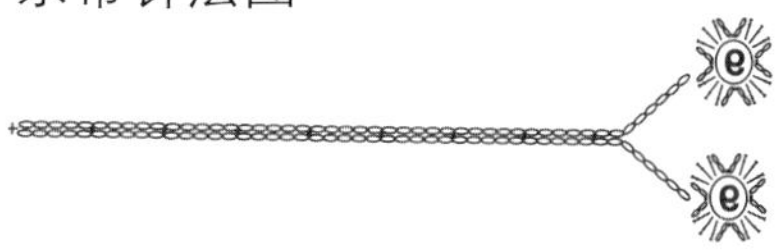

6
4
2

5
3
1

针法图B 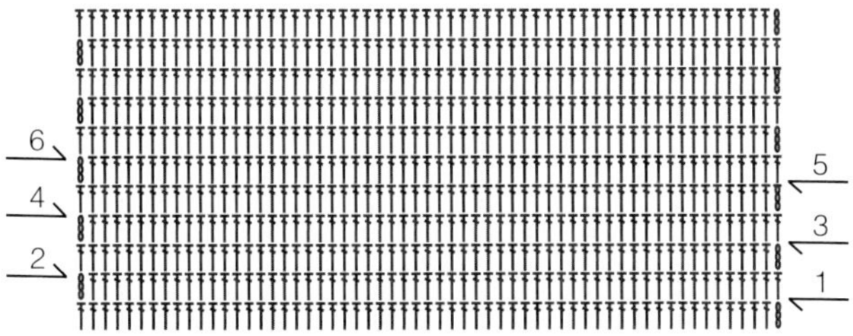　　　边缘针法图

6
4
2

5
3
1

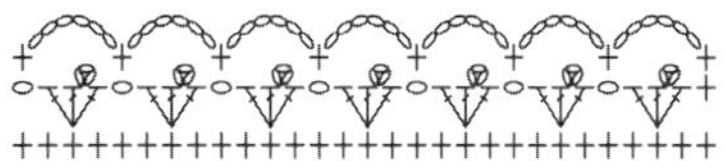

红边无袖背心

春季气温虽然渐渐回暖，但依然有些凉意。此时，一件方便携带的小背心，将是妈妈的很好的选择。无袖和开襟的设计，使得整件衣服显得可爱而轻灵。

❀成品尺寸❀
胸围66cm，衣长33cm

❀材 料❀
玫红色、白色中粗宝宝绒线各100g

❀工 具❀
2mm钩针1支

[编织方法]

1.先织后片，按照针法图先起81针锁针，钩织到16cm长后，按照后片针法图逐渐减针，钩织出袖窿。

2.按照前片针法图钩织出左右前片。

3.将前、后肩及侧缝线都分别合并好，袖窿深14~15cm。

4.按照边缘针法图钩织出门襟、领口、底边和袖口。

前片结构图

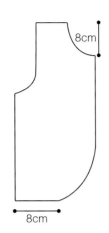

8cm

8cm

后片结构图

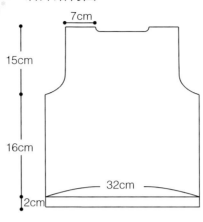

7cm

15cm

16cm

2cm

32cm

前片针法图

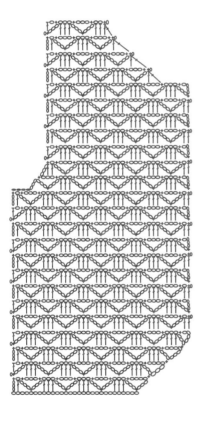

后片针法图

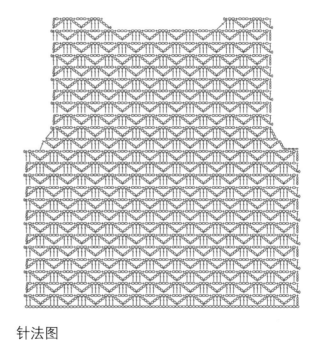

针法图

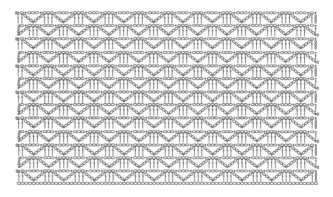

边缘针法图

条纹开襟背心·

这款背心是用奶棉绒编织而成的，整体轻柔、松软，不会刺激宝宝的肌肤。白色配以紫色编织出来的条纹，整体感觉简单、色彩清新。

❀ 成品尺寸 ❀
胸围64cm，衣长34cm

❀ 材 料 ❀
紫色中细奶棉绒线150g，白色绒线100g

❀ 工 具 ❀
2mm钩针1支

[编 织 方 法]

1.先织后片，按照针法图先起73针锁针，钩织到19cm长后，按照后片针法图逐渐减针，钩织出袖窿。

2.按照前片针法图织好左右前片。

3.将前、后肩及侧缝线都分别合并好。

4.按照边缘针法图用紫色钩织出门襟、领口、底边和袖口。

5.按照系带针法图用紫线钩织构成2根小系带即可。

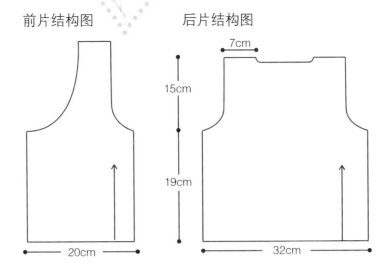

前片结构图　　　后片结构图

针法图

前片针法图　　　后片针法图

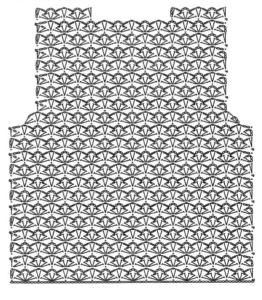

边缘针法图　　　系带针法图

橙色格子背心

　　这款背心的整体风格属于简约型，由于采用两种颜色的毛线交叉进行编织，显得层次分明。此外，下摆的花样设计和圆领的设计，也为这件背心增添了不少亮点。

❀ 成品尺寸 ❀
胸围66cm，衣长35cm

❀ 材　料 ❀
橙色、米白丝光油毛线各100g

❀ 工　具 ❀
2mm钩针1支

[编织方法]

1.先织后片，按照针法图先起73针锁针，橙色和白色交叉着向上钩织，钩织到19cm长后，按照后片针法图逐渐减针，钩织出袖窿。

2.按照前片针法图钩织出左右前片。

3.将前、后肩及侧缝线都分别合并好。

4.按照边缘针法图用橙色毛线钩织出门襟、领口和袖口，记得在左边留出扣眼。

5.最后钉好扣子。

后片结构图　　　前片结构图　　　　　　边缘针法图

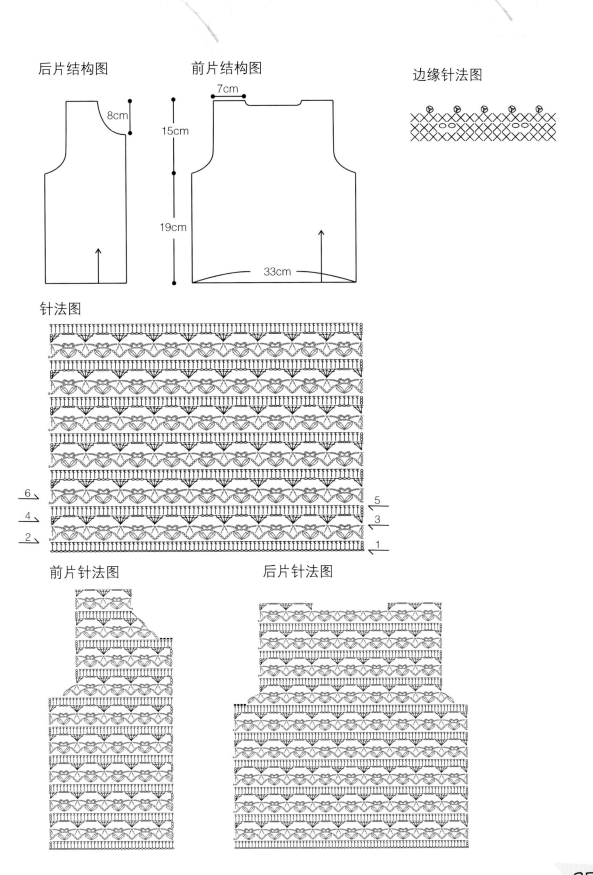

针法图

前片针法图　　　　　　后片针法图

竖条菱形背心

竖条的装饰是这款背心的最大亮点。靓丽的色彩和竖条的装饰显得整件毛衣个性新潮。

❀ 成品尺寸 ❀
胸围64cm，衣长36cm

❀ 材 料 ❀
粉红色中粗宝宝绒线200g，紫色少许

❀ 工 具 ❀
2mm钩针1支

[编织方法]

1.先织后片，按照针法图先起79针锁针，按后片针法图织16.5cm长，然后从起头处往相反方向织16.5cm。

2.按照前片针法图钩织出左右前片。

3.将前、后肩及侧缝线都分别合并好，袖窿深14cm。

4.按照边缘针法图钩织出门襟底边和袖口，记得在左边留出扣眼。

5.最后钉好扣子。

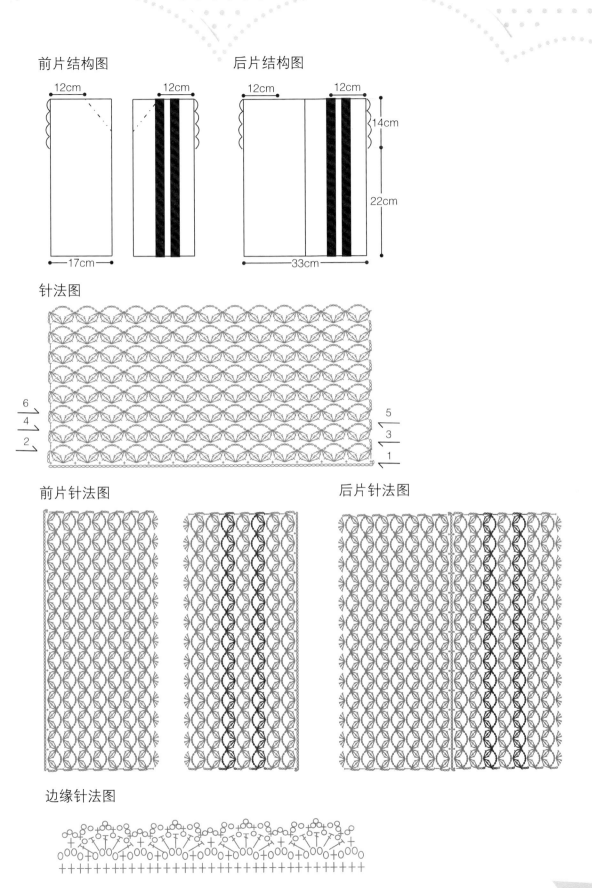

前片结构图

后片结构图

12cm   12cm   12cm   12cm

17cm

33cm

14cm

22cm

针法图

6
4
2

5
3
1

前片针法图

后片针法图

边缘针法图

双色系带背心

这款背心的镂空设计增添了清爽的特点，在边缘使用淡紫色线来收尾，使整体更为统一。这款背心采用了"V"字领的设计，宽松的领口，可以让宝宝穿得贴心、舒服。

❀成品尺寸❀
胸围64cm，衣长33cm

❀材 料❀
淡紫色和黄色中粗宝宝绒线各100g

❀工 具❀
2mm钩针1支

[编 织 方 法]

1.先钩织后片，按照针法图先起73针锁针，钩织到19cm长后，按照后片针法图逐渐减针，钩织出袖窿。

2.按照前片针法图钩织出左右前片。

3.将前、后肩及侧缝线都分别合并好。

4.按照边缘针法图用粉红色钩织出门襟、领口和袖口，记得在左边留出扣眼。

5.按照系带针法图，钩出4根小系带即可。

前片结构图　　　后片结构图

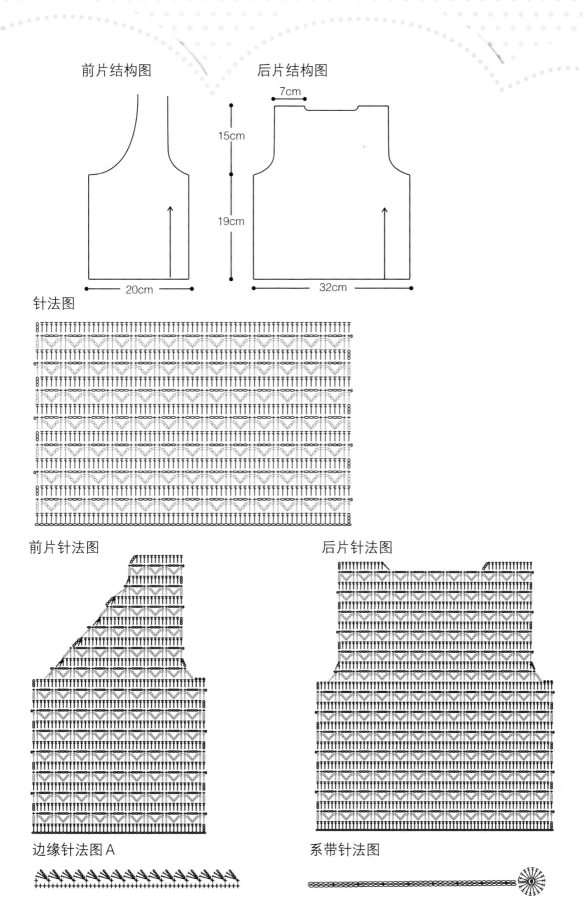

7cm

15cm

19cm

20cm

32cm

针法图

前片针法图　　　后片针法图

边缘针法图A　　　系带针法图

可爱甲虫背心

红黑的搭配，透着一点小甲虫的形象，整体感觉可爱又迷人。选用宝宝绒线编织出来的背心既保暖舒适，又柔软透气，非常适合好动的宝宝。

❀ 成品尺寸 ❀
胸围64cm，衣长34cm

❀ 材 料 ❀
红色中粗宝宝绒线200g，黑色中粗宝宝绒线少许

❀ 工 具 ❀
2mm钩针1支

[编 织 方 法]

1.先织后片，按照针法图A从下向上开始编织，钩织到12cm长后，按照后片针法图逐渐减针，钩织出袖窿。
2.按照前片针法图织好左右前片。
3.将前、后肩及侧缝线都分别合并好。
4.然后按边缘针法图用黑色毛线均匀钩2圈短针，钩织出门襟、领口和袖口。
5.沿底边从左到右钩织短针，然后按针法图B钩织好底边。
6.按照系带针法图用黑色线构出2根小系带即可。

后片结构图　　　　　前片结构图

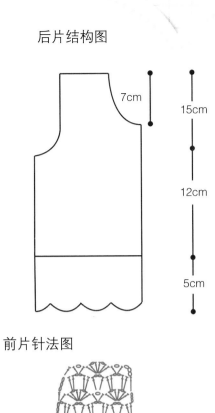
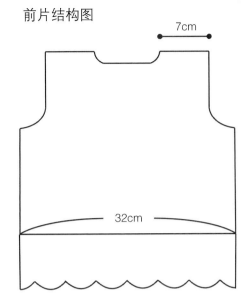

7cm

7cm

15cm

12cm

5cm

32cm

前片针法图　　　　　后片针法图

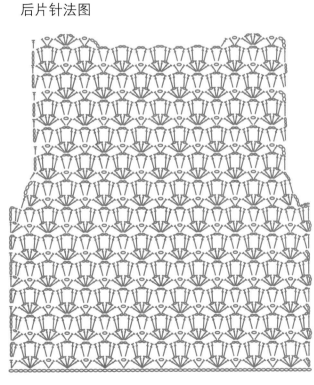

边缘针法图　　　　　系带针法图

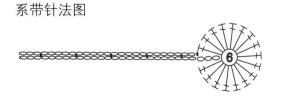

6

针法图A

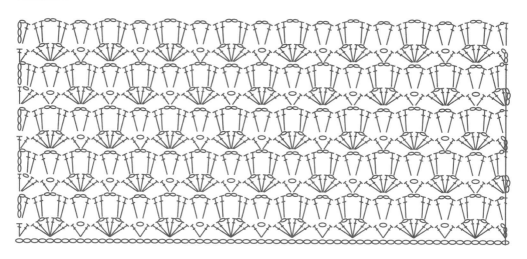

针法图B

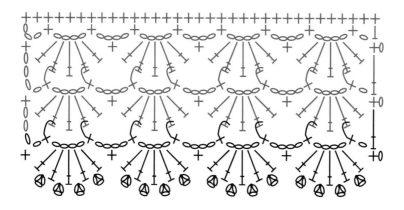

萌童宝贝帽子

可爱的青蛙帽子、经典的米奇帽子，动物图案的帽子戴在宝宝的头上，显得超级可爱，妈妈们不妨也给自己的宝宝戴上试试看哦。

南瓜帽

正如它简单的款式一样，想要织出这款帽子，就连初学者也能手到擒来。帽身部分只要一直织上下针，一款漂亮的帽子就大功告成了。此外，帽子上面的花朵则给这顶帽子增添了色彩。

❀ **成品尺寸** ❀
帽深14cm，帽宽21cm

❀ **材 料** ❀
橘色宝贝绒线30g，白色宝贝绒线20g，粉红色毛线少许

❀ **工 具** ❀
1.75mm钩针1支，2mm棒针1副，缝针1根

[编织方法]

1. 按照帽子针法图用橘色线先起112针，钩织26行后换白色线织27行，再换橘色线织8行。
2. 织完8行后，将针数等分为7份，按照帽子针法图逐行减针，直至剩14针。
3. 将剩下的针圈穿在一起扎紧。
4. 按照花朵针法图钩织出5朵小花，用针缝在帽子上即可。

结构图

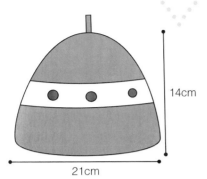

14cm

21cm

花朵针法图

帽子针法图

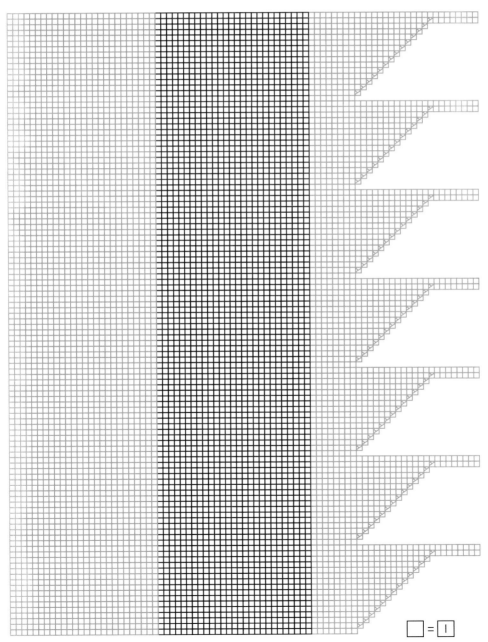

□ = Ｉ

五彩花朵帽

5朵可爱的小花点缀在帽沿，宝宝戴上它显得天真、活泼。镂空的巧妙设计，使得宝宝戴起来更加舒适、透气，非常适合春季出门游玩的时候佩戴。

❀ 成品尺寸 ❀
帽深12cm，帽宽22cm，帽檐4cm

❀ 材 料 ❀
白色细绒线40g，红色、蓝色、黄色、橘黄、绿色绒线各少许

❀ 工 具 ❀
2mm钩针1支，缝针1根。

[编织方法]

1.先钩织帽顶，按照帽顶针法图先起6针锁针，之后每圈按针法图加针，一共钩织5圈。

2.钩完帽顶后，按帽子展开针法图钩织帽身、帽檐。

3.按照小花针法图，钩织出5朵小花，然后将它们缝在钩好的帽子的相应位置上。

4.按照小球针法图，用钩针钩织出小球和带子，然后将它们缝在钩好的帽子的相应位置上即可。

结构图

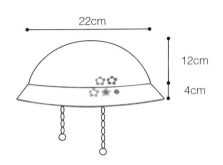

帽顶针法图

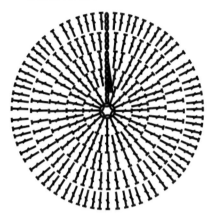

帽子展开针法图

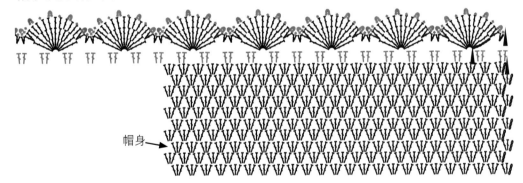

小花针法图

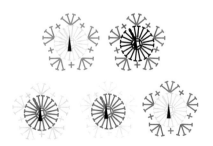

小球针法图

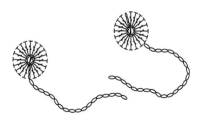

蝴蝶结童帽

这款帽子乍一看像是一个美丽的蝴蝶，细看起来又像是一只可爱的小猫咪，宝宝戴上它显得超级可爱。而帽耳则可以保护宝宝的耳朵不受寒冷的侵袭。

❀ 成品尺寸 ❀
帽深16cm，帽宽21cm

❀ 材 料 ❀
白色宝贝绒线30g，粉红色宝贝绒线20g

❀ 工 具 ❀
2mm钩针1支，2mm棒针1副，缝针1根

[编织方法]

1. 先钩织帽顶，按照帽顶针法图来钩织帽顶，总共钩织8圈。
2. 钩织完帽顶后，按帽身针法图钩织帽身。
3. 按照帽耳针法图和帽耳两边花朵针法图构成帽耳和花朵，并按结构图所示缝在帽顶上。
4. 按蝴蝶结针法图钩织蝴蝶结，并缝于帽身上。
5. 按带子图钩织带子，并按图将它缝在帽身上。

结构图

21cm

52cm（圈）

16cm

蝴蝶结针法图

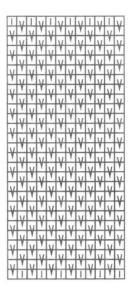

帽身针法图

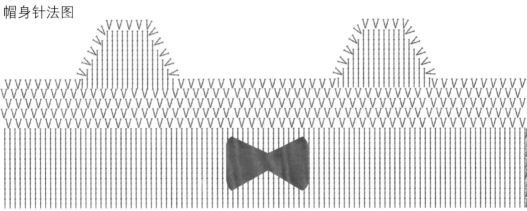

帽耳针法图

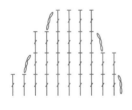

帽耳两边花朵针法图

帽顶针法图

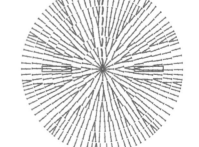

带子针法图

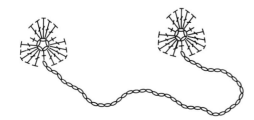

洁白梨花帽

粉红色的针织毛线帽子，白色梨花的点缀再配上小小的系带，使整个帽子散发着可爱的气息。用宝贝绒线编织出来的帽子，在保暖的同时还不怕伤害到宝宝娇嫩的肌肤。

❀成品尺寸❀

帽深14cm，帽宽21cm，帽耳5cm

❀材 料❀

粉红色宝贝绒线50g，白色、黄色宝贝绒线各少许

❀工 具❀

5mm钩针1支，2mm棒针1副，缝针1根

[编织方法]

1.按照帽子展开针法图，用粉色线先起128针，织40行。

2.织完40行后，按照帽子展开针法图逐行减针，直至剩16针。

3.将剩下的针圈穿在一起扎紧。

4.按图示在帽子底边相对称的地方各挑19针，织2个倒三角形，然后在帽子周圈上钩出花边。

5.按照帽子花朵针法图，钩织出2朵大花缝在帽子上做装饰。

6.按照帽子带子针法图，钩织带子，按照结构图将它缝在帽子上即可。

结构图

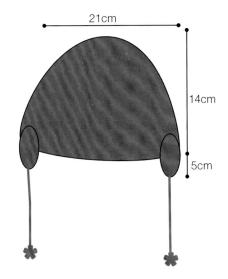

21cm

14cm

5cm

帽子花朵针法图

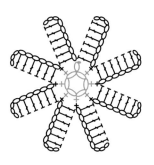

帽子展开针法图

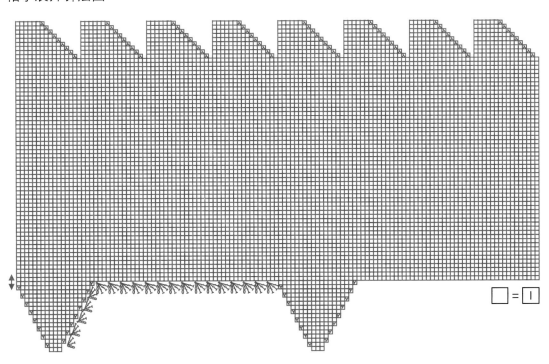

□ = |

帽子带子针法图

绿色茄瓜帽

这款帽子的整体风格属于简约型。帽顶上方的花朵远远看过去像是一株可爱的小茄瓜，增加了这顶帽子的可爱气息。帽子的设计理念在于突出它的暖意，而这款帽子厚实的材质，令人感觉十分温暖。

❀ **成品尺寸** ❀

帽深13.5cm，帽宽22cm

❀ **材料**

白色宝贝绒线40g，绿色宝贝绒线10g，红色宝贝绒线少许

❀ **工具**

1.5mm钩针1支，缝针1根

[编织方法]

1.按照帽子针法图，用白色宝贝绒线起6针锁针，之后按照图示逐行加针织8行。
2.之后既不加针也不减针，再用长针钩11行。
3.换成绿色宝贝绒线钩5行短针。
4.按照帽顶花朵针法图和红色小球针法图钩出花朵和小球。
5.帽顶的花梗按花梗针法图，从花朵中央直接挑出10针环钩5行，最后收紧而构成。
6.将花朵和小球按相应位置缝合即可。

结构图

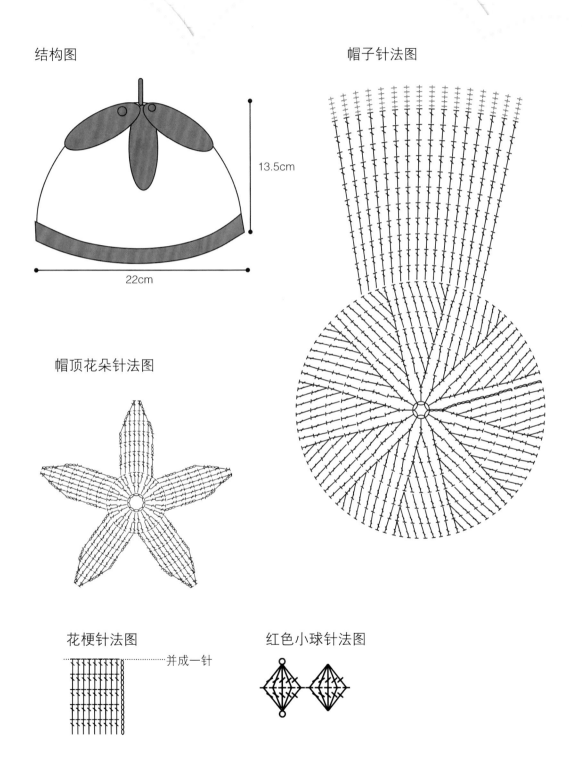

13.5cm

22cm

帽子针法图

帽顶花朵针法图

花梗针法图

并成一针

红色小球针法图

蓝色镂空帽

这款帽子的独特之处在于帽后面开边的设计，这样可以根据宝宝的实际需要来调节大小。简单的蓝色，给人纯真的感觉，随意和任何衣服搭配，都能显出宝宝的文静。

❀ 成品尺寸 ❀
帽深16cm，帽宽22cm

❀ 材 料 ❀
浅蓝色中粗毛线共50g，白色毛线少许

❀ 工 具 ❀
2mm钩针1支，缝针1根

[编 织 方 法]

1.先钩织帽顶，按照帽顶针法图来钩织帽顶，每圈按针法图加针，总共钩织8圈。

2.钩完帽顶后，按帽子展开针法图钩帽身。

3.按带子针法图钩织小花和带子，按图将它缝在帽身上即可。

结构图

帽顶针法图

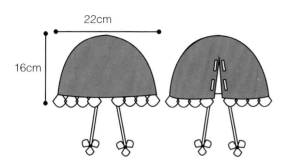

22cm

16cm

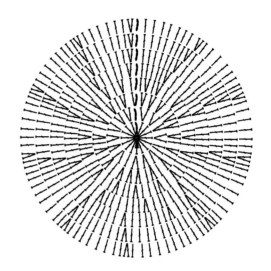

带子针法图

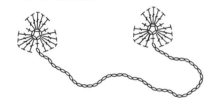

帽子展开针法图

帽围

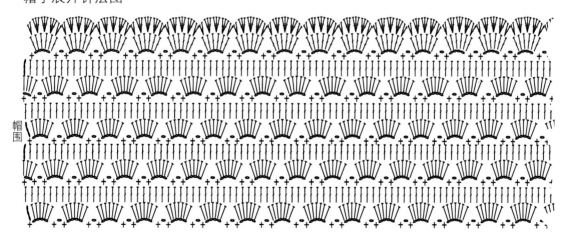

甜美小·兔帽

　　这款帽子的最大特点就是帽子上面的兔子造型。把这顶帽子戴在宝宝头上，立即让宝宝变得与众不同。热烈的红色调和兔子形状，使得这款帽子富有童趣。兔子造型可谓是点睛之笔，为原本单一的设计增添了亮点。

❀ 成品尺寸 ❀

帽深14cm，帽宽22cm，帽耳10cm

❀ 材料 ❀

红色宝贝绒线50g，白色、黑色、黄色宝贝绒线各少许

❀ 工具 ❀

1.5mm钩针1支，缝针1根

[编织方法]

1.按照帽子针法图，先钩6针锁针，环成一圈；然后按图示逐行加针，钩至第18行后不加针也不减针，再钩23行。

2.钩完23行后，换成白线，钩1行长针。

3.按照图示，直接在帽子图示位置挑钩帽耳，前后各挑8针，然后按照帽耳针法图，钩出帽耳。

4.按照帽耳上花朵的针法图，用黄线钩织出2朵小花，缝在帽耳上。

5.按照眼睛和嘴的针法图示钩出眼睛、鼻子；缝在相应的位置，最后用黑色线绣出嘴巴即可。

结构图

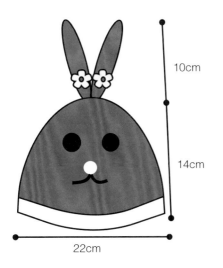

10cm

14cm

22cm

帽子针法图

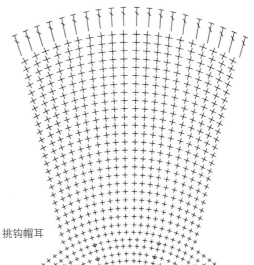

挑钩帽耳

帽耳针法图

对折线

眼睛和嘴的针法图

帽耳上花朵的针法图

大红圣诞帽

这是一款非常喜庆的帽子，它主要是以红色为主体，与各种颜色的衣服搭配都很适合，因此可以帮宝宝秀出不同的风格。此外，红色蝴蝶结，也为帽子注入了活泼、可爱的气息。

❀成品尺寸❀

帽深16cm，帽宽26cm

❀材 料❀

红色中粗毛线50g

❀工 具❀

2mm钩针1支，2mm缝针1根

[编织方法]

1.按照帽顶针法图用红色中粗毛线起针，之后按照图示逐行加针，织8行钩织出帽顶。

2.按照帽子展开针法图钩织出帽身和帽耳，并按照结构图将帽耳缝在帽顶上。

3.按照带子针法图，钩织出小花和带子，将其连在帽子上。

4.按照蝴蝶结针法图，钩织出蝴蝶结，并缝在帽身上。

结构图

26cm

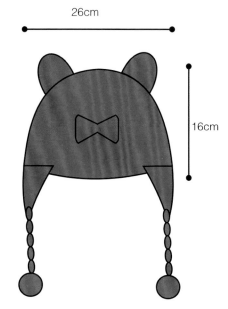

16cm

帽顶针法图

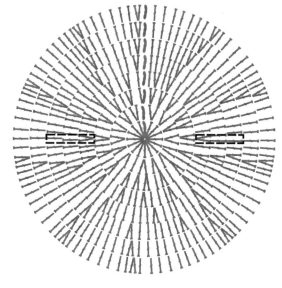

帽子展开针法图

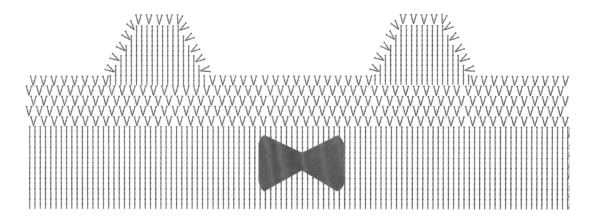

带子针法图

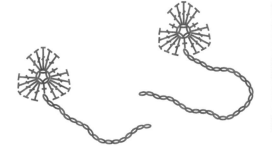

蝴蝶结针法图

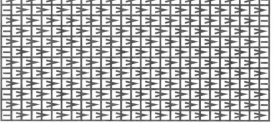

樱桃帽

白色的毛线帽清爽又亮眼，小小的樱桃点缀其中，增添了一丝可爱气息。此款帽子搭配清新的针织衫，能带给宝宝一个温暖的春天。

❀ 成品尺寸 ❀

帽深14cm，帽宽18cm，帽檐4cm

❀ 材 料 ❀

白色宝贝绒线40g，绿色宝贝绒线10g，红色宝贝绒线少许

❀ 工 具 ❀

1.5mm钩针1支，缝针1根

[编织方法]

1.先钩织帽顶，按照帽子针法图用白色宝贝绒线先起6针锁针，然后按照图示逐行加针，钩8行。
2.钩8行后，既不加针也不减针，再钩织6行，然后换绿色宝贝绒线钩2行短针。
3.按照帽檐针法图，钩织出帽檐，再换钩1行短针。
4.按照装饰小花针法图和带子针法图，分别钩出小花和带子，并将其在相应位置缝合即可。

结构图

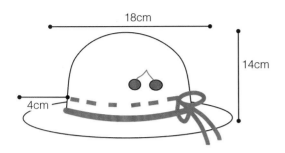

帽檐针法图

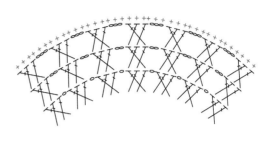

帽子针法图

帽身

帽顶

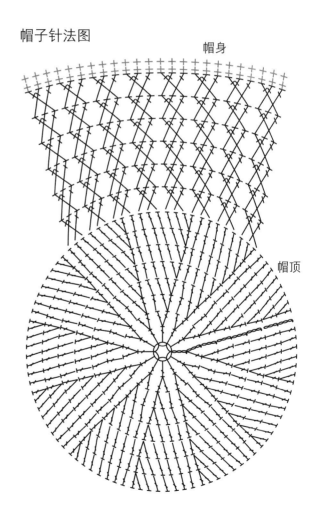

带子针法图

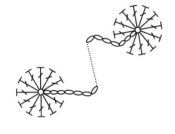

装饰小花针法图

彩色沿边帽

这款帽子款式简单，镂空的设计使得透气性良好，非常适合在春季给宝宝戴上。帽子边缘采用了四种颜色的毛线来编织，就像是天边的彩虹，提升了可爱度，更显俏皮活泼。

❀成品尺寸❀

帽深13cm，帽宽20cm

❀材 料❀

白色棉线30g，红色棉线、蓝色棉线和黄色棉线各少许

❀工 具❀

2mm钩针1支

[编织方法]

1.先钩织帽顶，按照帽子针法图用白色棉线先起6针锁针，环成一圈，按照图示用卡针逐行加针，钩织5行。

2.钩织5行后，既不加针也不减针，再钩织9行。

3.然后换成彩色线钩出花边。

4.按照带子针法图，钩织出两条细带缝在帽子上即可。

结构图

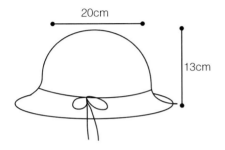

20cm

13cm

帽顶针法图

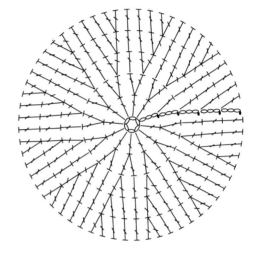

帽身针法图

带子针法图

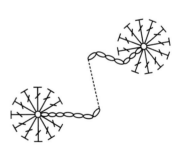

花朵帽

　　整体的大红色配上五色的花朵，突出了帽子的层次和整体造型，非常适合搭配裙装或者是暗色系的衣服。帽子侧面的立体花朵，在戴上之后更添小淑女风范。

❀ 成品尺寸 ❀
帽深15cm，帽宽19cm

❀ 材　料 ❀
红色、白色中粗毛线共40g，粉色、橙色、蓝色、黄色、浅绿色中粗毛线各少许，银珠1颗

❀ 工　具 ❀
2mm钩针1支，缝针1根

[编织方法]

1.按照帽顶针法图先起6针锁针，再换成长针进行钩织，总共钩织4圈。

2.钩完帽顶后，直接在上面挑针，然后按照帽子展开针法图，钩出帽围。

3.按图钩出小花和花芯，并将其缝在帽身上即可。

结构图

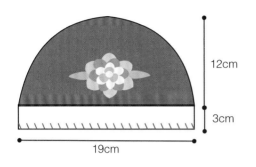

12cm

3cm

19cm

帽顶针法图

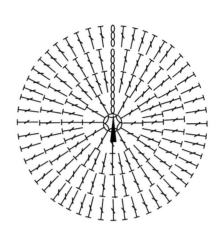

帽子展开针法图

帽边

帽围

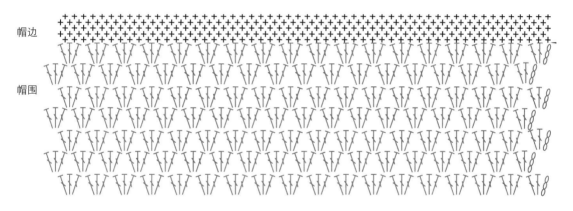

小花针法图

花芯针法图

可爱熊熊帽

可爱憨厚的小熊，装点在宝宝的小脑袋上无不诠释着小宝宝的可爱。帽子细腻的质地，温暖的颜色，都透露出可爱的气质。

❀ 成品尺寸 ❀
帽深18cm，帽宽23.5cm

❀ 材 料 ❀
浅黄色宝贝绒线40g，咖啡色和黑色宝贝绒线各少许

❀ 工 具 ❀
1.5mm钩针1支，4mm棒针一副

[编织方法]

1.按照帽子针法图，先起104针锁针环成一圈，然后按照图示从下向上开始钩织，一共钩13行。

2.钩13行后，在两侧前后各留16针，再向上钩5行。

3.按照图示，将其虚线部分扎紧，做成耳朵形状，再将中间部分缝合。

4.用4mm棒针在帽身编织双罗纹作帽檐。

5.按照小熊鼻子针法图和小熊面部针法图，钩织出小熊，将其按照结构图缝在相应位置即可。

结构图

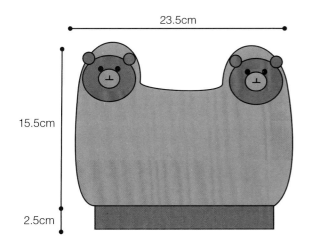

23.5cm

15.5cm

2.5cm

小熊鼻子针法图

小熊面部针法图

帽檐针法图

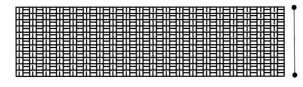

2.5cm

帽子针法图

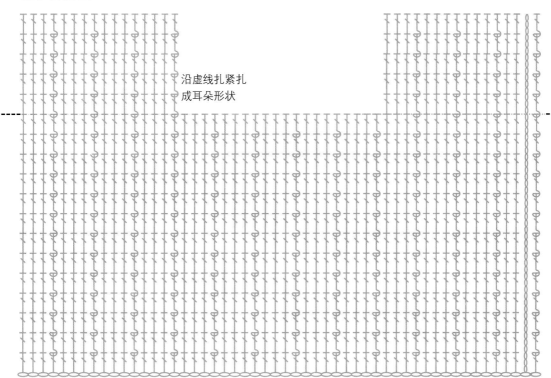

沿虚线扎紧扎
成耳朵形状

七彩帽

这款帽子虽然采用了7种颜色来进行编织，但分布合理，显得层次分明、色彩丰富。融入可爱的小兔子和毛绒绒的小球，让帽子变得甜美、可爱。帽子边缘采用罗纹针织法，让宝宝穿起来非常舒服。

❀ 成品尺寸 ❀

帽深18cm，帽宽21cm

❀ 材 料 ❀

红色、粉红色、黄色、绿色和蓝色中细毛线各15g，绒布装饰动物2个

❀ 工 具 ❀

3mm棒针1副，缝针1根

[编织方法]

1.从下起针呈片状往上编织，按照花样针法图，分别编织好2个帽耳，再在帽前和帽后分别平加针，往上编织帽身。

2.编织到15cm后，改用单罗纹编织。

3.编织到3cm后，将最后余下的针圈用零线穿好并在反面抽紧打结，就能编织出帽顶。

4.将装饰物缝在帽耳上，并在帽顶缝装好绒球。

5.帽耳下方的小辫子绒球系带也直接缝上，就大功告成了。

结构图

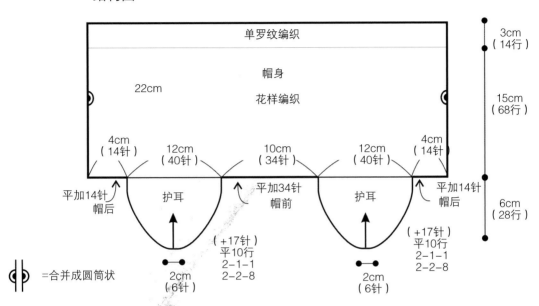

单罗纹编织

帽身

花样编织

22cm

3cm （14行）

15cm （68行）

6cm （28行）

4cm （14针）

平加14针 帽后

护耳

12cm （40针）

10cm （34针）

12cm （40针）

4cm （14针）

平加14针 帽后

护耳

平加34针 帽前

（+17针） 平10行 2-1-1 2-2-8

2cm （6针）

（+17针） 平10行 2-1-1 2-2-8

2cm （6针）

=合并成圆筒状

花样针法图

□ = ─

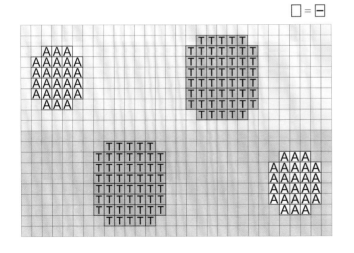

单罗纹针法图

□ = ─

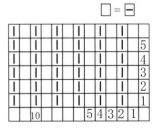

61

经典米奇帽

这款帽子基本是用中长针编织而成，简单易学。此外，小米奇的形状配上红色的蝴蝶结，十分讨人喜欢。

❀ 成品尺寸 ❀
帽深15cm，帽宽22cm

❀ 材　料 ❀
黑色毛线40g，红色毛线少许

❀ 工　具 ❀
2mm钩针1支

[编织方法]

1.从帽顶开始编织，先起16针长针，每圈按帽顶针法图加针，总共钩织12圈。

2.钩完帽顶后，开始钩织帽身，按照帽身针法图，用中长针钩织11圈。

3.按照蝴蝶结针法图，用红色毛线编织出蝴蝶结。

4.用线做两个绒线球，按照结构图缝在帽顶上即可。

结构图

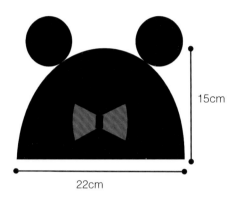

22cm

15cm

帽顶针法图

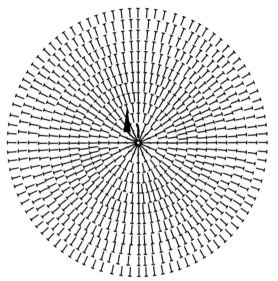

蝴蝶结针法图

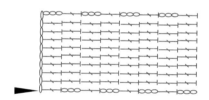

帽身针法图

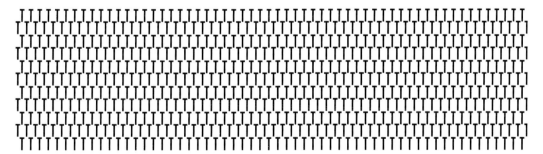

草莓帽

红色是大多数妈妈给自己宝宝选择的喜庆色彩，加上可爱的草莓造型和闪亮的珠子，于简约大方中，又不失甜美可爱。

❀成品尺寸❀
帽深16cm，帽宽23cm，帽耳5cm

❀材料❀
红色中粗棉线50g，绿色棉线和银色珠子各少许

❀工具❀
2mm钩针1支，缝针1根

[编织方法]

1.按照帽顶针法图先起16针长针，之后每圈按针法图加针，总共钩织5圈。

2.钩完帽顶后，按帽身针法图钩织帽身和帽耳。

3.按照帽顶花针法图，用绿色线钩织出小花，并将其缝在钩好的帽子上。

4.按照带子针法图，钩织出小球和带子，按照结构图将其缝在钩好的帽子上。

5.按照结构图将银色珠子缝在帽身上即可。

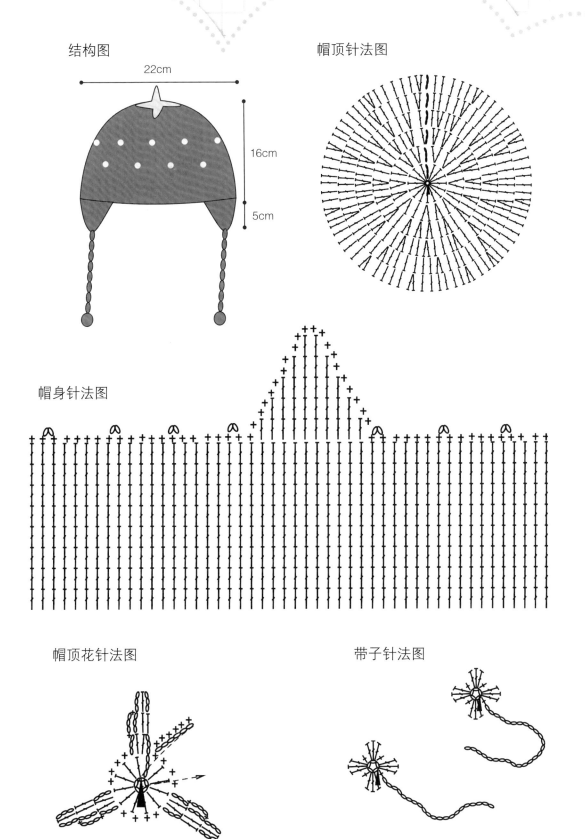

结构图

22cm

16cm

5cm

帽顶针法图

帽身针法图

帽顶花针法图

带子针法图

青蛙帽

　　这款小青蛙造型的帽子，简单却很可爱，大大的眼睛显得非常地生动有趣。如果和同款的青蛙衣服相搭配，绝对能让宝宝萌翻全场。

❀成品尺寸❀

帽深15cm，帽宽24cm

❀材　料❀

浅绿色毛线40g，粉红、黑色、白色毛线各少许

❀工　具❀

2mm钩针1支，缝针1根

[编织方法]

1.先编织帽顶，按照帽顶针法图先起15针长针，之后换成中长针开始编织，总共钩织11圈。

2.钩完帽顶后，按帽身针法图钩织帽身。

3.按照青蛙脸针法图，开始编织小青蛙的脸，并将它们缝在钩好的帽身上。两个脸蛋之间用黑色线起16针连接。

4.按青蛙眼睛针法图钩织出青蛙的眼睛，并将它们按图示缝在钩好的帽顶上即可。

结构图

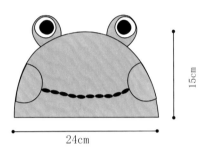

24cm

15cm

青蛙脸针法图

帽身针法图

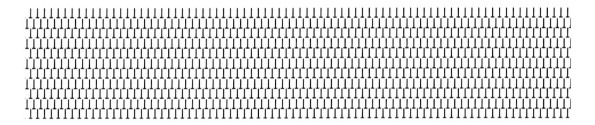

帽顶针法图

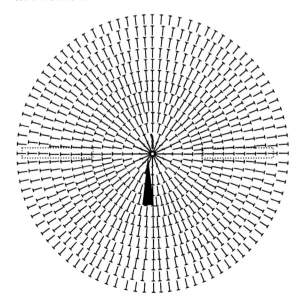

青蛙眼睛针法图

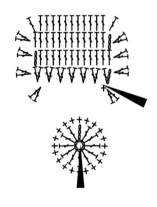

三色拼接帽

红色、绿色和白色相拼接的针织帽子，整体感觉活泼又可爱。这款帽子和针织毛衫、小短裙搭配起来，显得宝宝可爱甜美。

❀ **成品尺寸** ❀

帽深17cm，帽宽24cm

❀ **材　料** ❀

白色宝贝绒线10g，绿色宝贝绒线20g，砖红色宝贝绒线30g

❀ **工　具** ❀

5mm棒针1副

[编 织 方 法]

1.按照帽子针法图示来编织，先起80针，环织，帽边织4行空心针。

2.织到合适高度后，再如图示逐行减针。

3.剩余16针后，将剩下的针圈穿在一起扎紧。

结构图

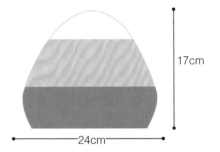

17cm

24cm

帽子针法图

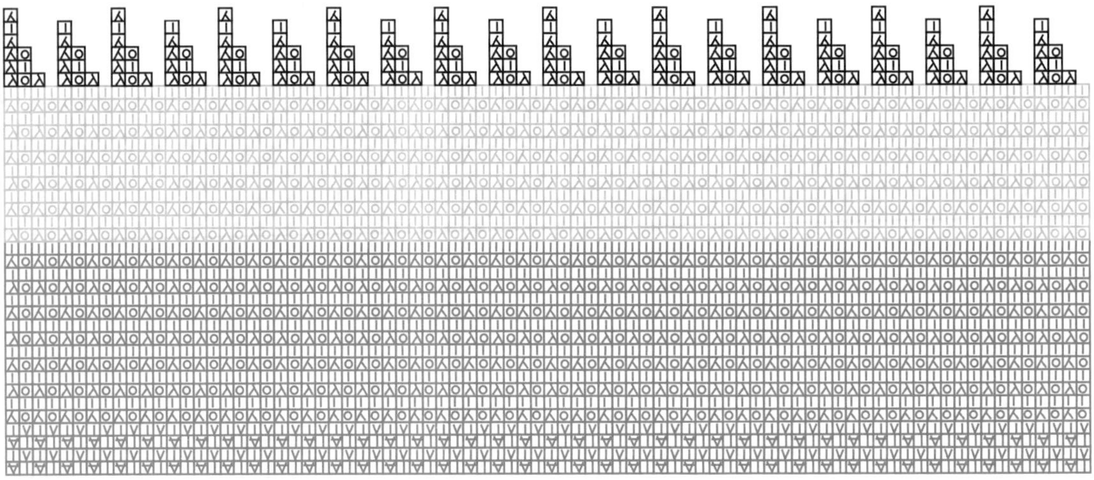

童趣毛编鞋袜

可爱的草莓鞋、帅气的红星鞋等充满童趣的小鞋子，可是非常吸引宝宝们眼光的，手巧的妈妈们赶紧帮自己的小宝贝编织一件，让自己的宝贝变得与众不同吧。

红球鞋

　　这款鞋子的镂空开得比较大，透气性好，适合宝宝在家里穿着。镂空的设计，配上毛绒绒小红球，在给宝宝增加温暖的同时还可以增添可爱的气息。

❀ **成品尺寸** ❀

鞋长11cm，鞋宽5cm，鞋高3cm

❀ **材 料** ❀

绿色棉线30g，红色棉线和绒线各少许，银珠2颗

❀ **工 具** ❀

1.5mm钩针1支，缝针1根

[编 织 方 法]

1.从鞋底开始钩织，按照鞋底针法图先起16针，再钩3针向上的辫子针，然后换成长针，钩到最顶端的时候按照图示依次加针。

2.鞋底钩好后直接在上面挑鞋帮，按照鞋帮针法图开始编织，共钩3圈。

3.按照鞋面针法图，钩织出鞋面。

4.按照小花针法图，钩织出4朵小花，然后用缝针缝在鞋面上，并按照结构图缝上银珠即可。

结构图

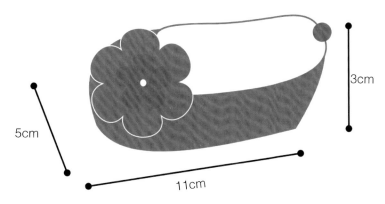

3cm

5cm

11cm

鞋底针法图

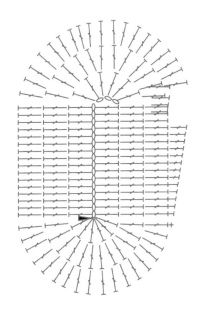

鞋面针法图

鞋面小花针法图

鞋帮针法图

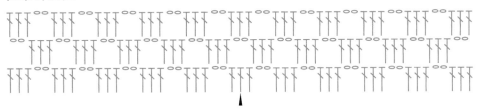

帅气红星鞋

这款鞋子的织法非常简单，只要学会了下针和上针的织法，织出这双鞋子就非常容易。此外，这款鞋子的鞋帮非常高，冷的时候可以当成小靴子，不冷的时候把鞋帮卷起来，就成了一双平常的小鞋子。

❀成品尺寸❀

鞋长9cm，鞋宽5cm，鞋高3cm

❀材料❀

白色宝贝绒40g，红色、蓝色各少许

❀工具❀

5.7mm棒针1副，1.5mm钩针1支

[编织方法]

1.从鞋底开始钩织，按照鞋底针法图先起28针，从鞋的一侧向另一侧织，一共钩织24行。

2.鞋底钩好后直接在上面挑鞋帮，按照鞋帮针法图开始编织，共钩16行，并按照图解换色。

3.鞋帮织好后直接在一端中央挑14针，按照鞋面针法图，用下针钩织鞋面，总共钩织25行。

4.鞋帮织好后，把整个鞋口挑起按照鞋腰针法图织鞋腰，织38行单罗纹，按图示换色。并用单罗纹收针方法收针。

5.按照鞋带针法图，织2条细带串在鞋上，再在鞋面上钩出五角星即可。

结构图

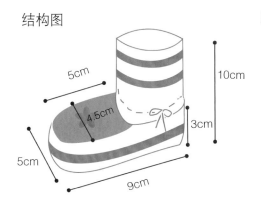

鞋底针法图

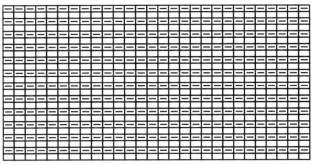

鞋帮针法图

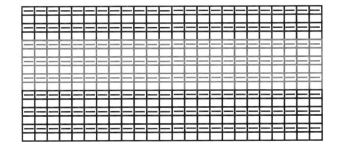

鞋面针法图

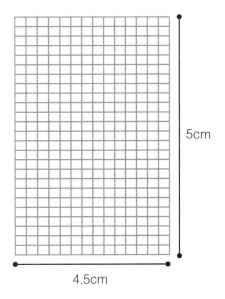

鞋腰针法图

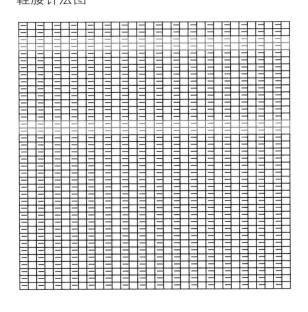

鞋带针法图

草莓鞋

　　这款小鞋子采用了红色和绿色来搭配，加上鞋面上的小花朵，就像是清甜可口的小草莓，停留在红色的鞋面上，显得生动有趣。此外，U形鞋头的设计能保证鞋内有足够空间，不会挤压到小宝宝的脚趾头。

成品尺寸
鞋长11cm，鞋宽6cm，鞋高4cm

材　料
红色棉线40g，绿色棉线和白色棉线各少许

工　具
5.7mm棒针1副，1.5mm钩针1支，缝针1根

[编织方法]

1.从鞋底开始钩织，按照鞋底针法图先起24针，从鞋的一侧向另一侧织，一共钩织24行。

2.鞋底钩好后直接在上面挑鞋帮，按照鞋帮和鞋面针法图开始编织，圈钩一圈后，按图所示在鞋头处减针。

3.鞋面编织好后，按照鞋口针法图，用绿色毛线钩织26针，即为鞋口。

4.按照鞋带针法图，钩织2条细带缝在鞋腰，并按照鞋面花朵针法图，钩出2朵花缝在鞋面上了，并绣上白点即可。

鞋底针法图

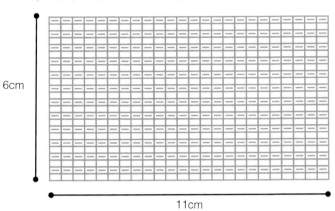

6cm

11cm

鞋帮和鞋面针法图

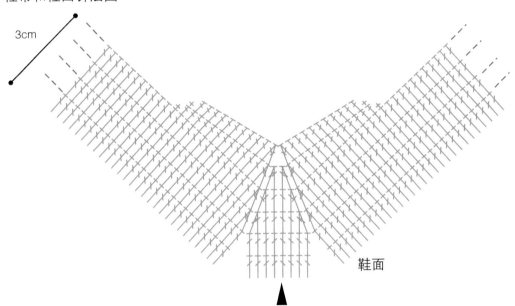

3cm

鞋面

鞋口针法图

鞋面花朵针法图

鞋带针法图

10cm

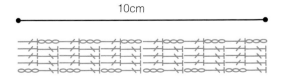

蓝色绑带鞋

这款鞋子前面的鞋口开得比较大，非常方便宝贝自己穿上去，而鞋子后面抽绳小鞋带的设计，也可以防止宝贝行走的时候脱落。

❀成品尺寸❀
鞋长10cm，鞋宽5cm，鞋高3cm

❀材料❀
蓝色宝贝绒线30g，白色、红色、黄色、绿色宝贝绒线各少许

❀工具❀
5.7mm棒针1副，1.5mm钩针1支

[编织方法]

1.从鞋底开始钩织，按照鞋底针法图先起25针，从鞋的一侧向另一侧织，总共钩织24行，四周用钩针按图示钩1圈花边。

2.鞋底钩好后直接在上面挑鞋帮，按照鞋帮针法图开始编织，将四边的逐针挑起，圈织16行。

3.鞋帮织好后在一端中央挑12针，按照鞋面针法图，用上下针法来钩织鞋面，总共钩织24行。

4.鞋面钩织好后，织一行单罗纹，并用单罗纹收针方法收针，即为鞋口。

5.按照鞋带针法图，钩织2条细带缝在鞋后跟，并按照鞋面花朵针法图，钩出2朵花缝在鞋面上即可。

结构图

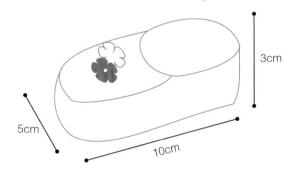

3cm

5cm

10cm

鞋面针法图

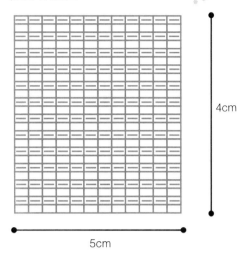

4cm

5cm

鞋底花边针法图

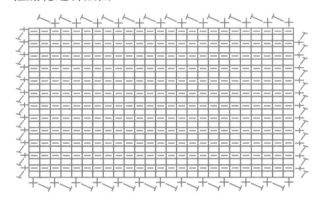

鞋帮针法图

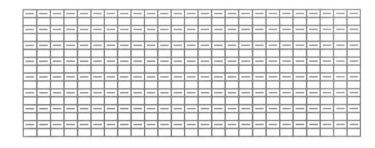

鞋带针法图　　鞋面花朵针法图

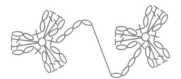

红艳·小·花鞋

这款小鞋子非常适合刚学会走路的小孩子。以宝宝绒线为原料进行编织，柔软贴身，舒适度极佳。柔和的白色配上红艳的小花，给人感觉文静、淑女。

❀ 成品尺寸 ❀
鞋长11cm，鞋宽5cm，鞋高3cm

❀ 材 料 ❀
白色宝贝绒线30g，红色宝贝绒线少许

❀ 工 具 ❀
5.7mm棒针1副，1.5mm钩针1支

[编织方法]

1.从鞋底开始钩织，按照鞋底针法图先起25针，从鞋的一侧向另一侧织，一共钩织24行。

2.鞋底钩好后直接在上面挑鞋帮，按照鞋帮针法图开始编织，共钩16行。

3.鞋帮织好后在一端中央挑12针，按照鞋面针法图，用上下针钩织鞋面，总钩织24行，然后织一行单罗纹，并用单罗纹收针方法收针。

4.按照鞋带针法图，钩织2跟鞋带，并按照鞋面小花针法图，钩出2朵花缝在鞋面上即可。

结构图

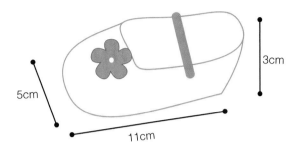

5cm

11cm

3cm

鞋面针法图

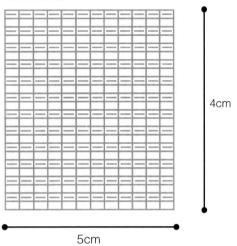

4cm

5cm

鞋带针法图

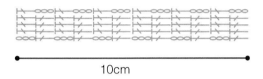

10cm

鞋底针法图

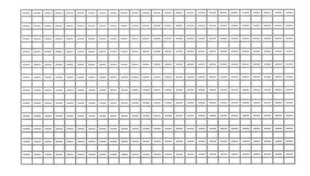

鞋面小花针法图

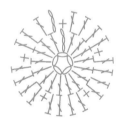

鞋帮针法图

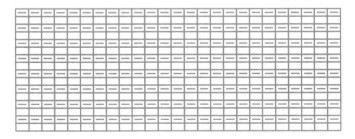

粉嫩小·兔鞋

这款鞋子的表面看起来像是一个可爱的小兔子，让款式简单的鞋子瞬间可爱起来。此外，粉色的色调使小朋友穿上显得更加粉嫩可爱。

❀ 成品尺寸 ❀
鞋长10cm，鞋宽5cm，鞋高3cm

❀ 材 料 ❀
粉色宝贝绒线30g，红色宝贝绒线少许

❀ 工 具 ❀
5.7mm棒针1副，1.5mm钩针1支

[编织方法]

1.从鞋底开始钩织，按照鞋底针法图先起25针，用红色线从鞋的一侧向另一侧织，总钩织24行，四周用长针和短针按图示钩1圈花边。

2.鞋底钩好后直接在上面挑鞋帮，按照鞋帮针法图用上下针开始编织，将四边逐针挑起，圈织16行。

3.鞋帮织好后在一端中央挑12针，按照鞋面针法图，用上下针法钩织鞋面，总钩织24行。

4.鞋面钩织好后，用红色线织一行单罗纹，并用单罗纹收针方法收针，即为鞋口。

5.按照鞋带针法图，钩织2条细带缝在鞋后跟，并按照结构图，钩出小兔子的形状即可。

結构图

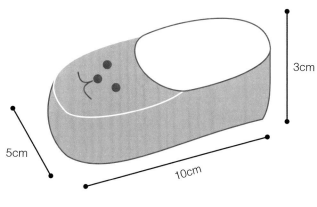

5cm

10cm

3cm

鞋面针法图

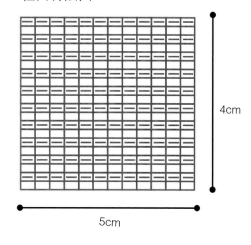

4cm

5cm

鞋帮针法图

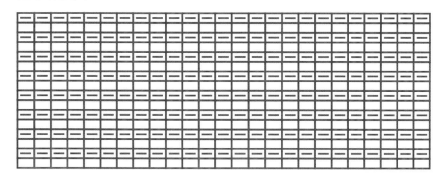

鞋底针法图

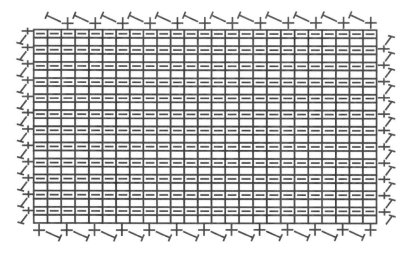

鞋带针法图

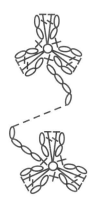

红嘟嘟鞋

这款小鞋子打破了单一色彩的设计，采用了两种颜色来编织鞋面，使其显得色彩丰富。而钮眼的设计则可以根据宝宝的实际尺寸来做松紧调节。

❀ 成品尺寸 ❀

鞋长11.5cm，鞋宽5cm，鞋高2.5cm

❀ 材 料 ❀

绿色宝贝绒线40g，白色和红色宝贝绒线各少许

❀ 工 具 ❀

1.5mm钩针1支，10mm棒针1副

[编织方法]

1.从鞋底开始钩织，起20针从鞋的一侧向另一侧钩织，两端隔行加针，每次加一针，按图示织20行后逐行减针，每次减一针，减两次，将回边逐针挑起，圈织8行。

2.鞋底钩好后直接在上面挑鞋帮，按照鞋帮针法图开始钩织，钩了8行后，按照图示来减针，织出鞋帮和鞋带。

3.鞋帮织好后在一端中央挑10针，按照鞋面针法图，用绿色和白色交替来钩织鞋面，总钩织24行。

4.鞋面钩织好后，用单罗纹收针方法收针，即为鞋口。

5.按照鞋面小花针法图，用红色宝贝绒线钩织出小花，并缝在鞋面上。

结构图

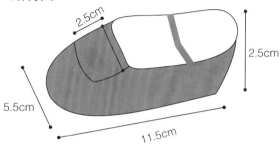

2.5cm

2.5cm

5.5cm

11.5cm

鞋帮针法图

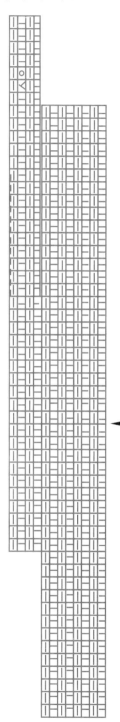

鞋底针法图

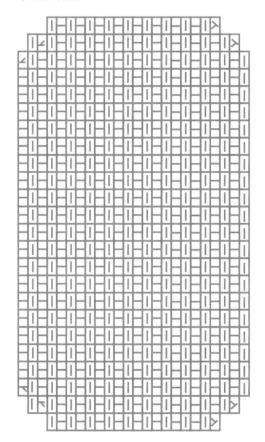

鞋面针法图

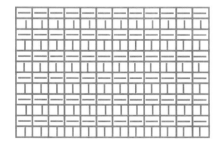

鞋面小花针法图

快乐猫咪鞋

秋冬换季的时候，天气渐渐变凉，此时，用毛线编织出来的小鞋子无疑能给宝宝带去最大的温暖。这款鞋子的最大亮点是鞋面的小猫咪图案，可爱的小猫咪，装点在宝宝的鞋面上，提升了鞋子的整体效果。

❀ 成品尺寸 ❀
鞋长10cm，鞋宽5cm，鞋高2.5cm

❀ 材 料 ❀
红色细绵线30g，白色、黑色、粉红色细棉线各少许

❀ 工 具 ❀
2mm钩针1支，缝针1根

[编织方法]

1. 从鞋底开始钩织，按照鞋底针法图先起16针锁针，然后开始钩长针，钩到最顶端，按图示依次加针。

2. 鞋底钩好后直接在上面挑鞋帮，按照鞋子展开针法图开始钩织，总共钩3圈，之后按照图示来钩织鞋口。

3. 按照小猫头针法图用白色线钩织出小猫头，按照结构图用缝针缝上眼睛、嘴巴和胡须。

4. 按照鞋带针法图，钩成2条带子，并将其缝在鞋后跟。

结构图

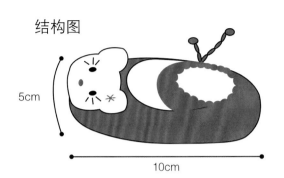

5cm

10cm

鞋底针法图

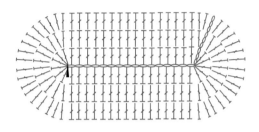

鞋子展开针法图

鞋口

鞋带

小猫头针法图

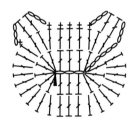

鞋带针法图

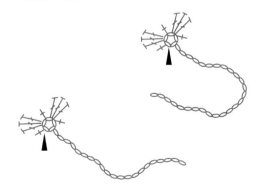

小·虎头鞋

　　这款小鞋子由深蓝色宝宝绒线织成。鞋子的的亮点在于鞋面上老虎头的图案，使得鞋子耐脏的同时又不失可爱。

❀成品尺寸❀
鞋长10cm，鞋宽5cm，鞋高4.5cm

❀材料❀
深蓝色宝贝绒线40g，红色、黄色、绿色、白色绒线各少许

❀工具❀
1.5mm钩针1支

[编 织 方 法]

1.从鞋底开始钩织，按照鞋底编织图先起25针锁针，再钩1针向上的锁针，然后按图示钩织出鞋底。

2.鞋底钩好后换线直接在上面挑鞋帮，按照鞋子展开针法图开始钩织，钩满2行后留出中间15针折回钩。

3.在中间的15针上按图示钩出虎头形状。

4.将鞋帮前端上角折叠在一起缝合，然后再将虎头缝在上面，在虎头上按图示绣出老虎的面部。

结构图

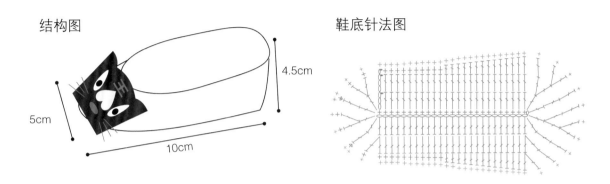

5cm

4.5cm

10cm

鞋底针法图

鞋子展开针法图

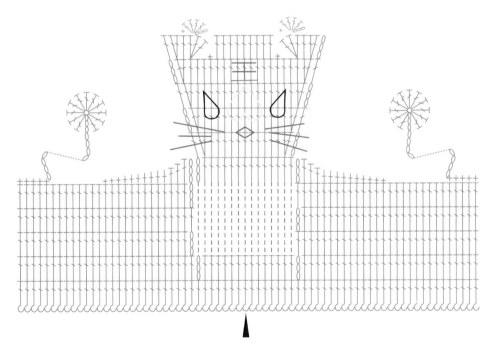

粉色花边鞋

这款鞋子是以宝贝绒线为原料编织出来的，柔软又舒适，就算是宝宝不小心踢到了硬物，也能很好地抵御外来的撞击。简单的小丝带，装饰在宝宝的小鞋子上，则成为一抹亮色。

❀ **成品尺寸** ❀

鞋长9.5cm，鞋宽5cm，鞋高6cm

❀ **材 料** ❀

白色宝贝绒线40g，粉色绒线少许

❀ **工 具** ❀

1.5mm钩针1支

[编织方法]

1.从鞋底开始编织，按照鞋底针法图先起起18针锁针，再钩3针向上的锁针，然后按图示钩织出鞋底。

2.鞋底钩好后直接在鞋底上挑鞋帮，圈钩3行，第12行钩长针，之后按照图示用粉色线来钩织鞋口。

3.按鞋腰针法图示钩织鞋腰及花边。

4.将鞋面的装饰丝带小花缝上，再在鞋口下方穿一条粉色丝带即可。

结构图

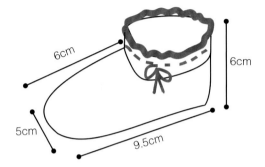

6cm

6cm

5cm

9.5cm

鞋帮针法图

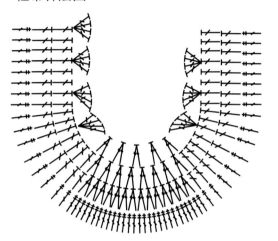

鞋底针法图

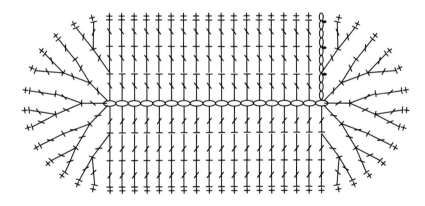

鞋腰针法图

童趣翻边鞋

这双小鞋子非常有特色，把鞋帮翻下来后仿佛在鞋面上披上了一层白色的衣衫，保暖的同时显得趣味十足，也打破了单调的设计，让其变得与众不同。

❀ 成品尺寸 ❀

鞋长9.5cm，鞋宽5cm，鞋高6.5cm

❀ 材 料 ❀

红色宝贝绒线40g，白色宝贝绒线10g

❀ 工 具 ❀

1.5mm钩针1支

[编 织 方 法]

1.从鞋底开始钩织，按鞋底针法图示起16针锁针，再钩3针向上的锁针，然后开始在锁针上钩长针，钩到两端时最顶端加5针，第2行加出的那3针上每针钩2针长针，第3行隔一针加一次，第4行钩一圈短针。

2.鞋底钩好后直接在鞋底上按鞋帮针法图挑鞋帮，圈钩上去，钩3圈。

3.在钩好的鞋帮前端按鞋面针法图挑鞋面，挑10针长针，第2行底边分别加1针，共钩6行。

4.鞋面钩好后按鞋腰针法图钩织鞋腰，前2行环钩，后5行换白色线从前中央断开折回钩，鞋口用红色线钩满花边。

5.按鞋带针法图，钩2条带子穿在鞋腰上即可。

结构图

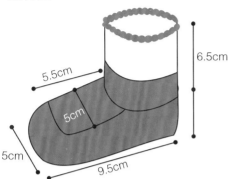

6.5cm

5.5cm

5cm

5cm

9.5cm

鞋底针法图

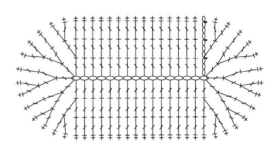

鞋帮针法图

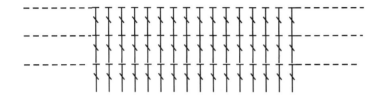

鞋腰部分针法图

前正中央

折回钩

环钩

鞋面针法图

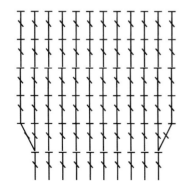

鞋带针法图

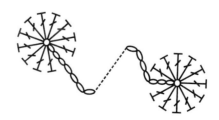

橙色花纹鞋

这款小鞋子用宝贝绒线来编织，既舒适又柔软，最适合小宝贝春秋季节穿。鞋底的那些纹路，可以防止宝宝在地板上滑倒。

❀成品尺寸❀

鞋长9.5cm，鞋宽6cm，鞋高11cm

❀材料❀

橙色宝贝绒线40g

❀工具❀

1.5mm钩针1支，12mm棒针1副

[编织方法]

1.按照鞋子展开针法图，用棒针先起30针，然后按照1行下针1行上针编织到30行。

2.编织到第31行后开始往右侧收针，编织到第41行后开始往右侧收针。

3.编织到第50行后开始平织到第80行。

4.从81行起，按4行下针4行上针的编织方法，反复编织7次，最后以4行下针结束。

5.按照鞋带针法图，用钩针钩织出2朵小花和鞋带，按照图示穿入鞋内即可。

结构图

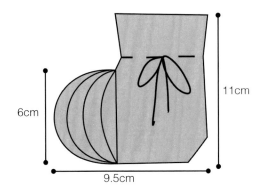

6cm

11cm

9.5cm

鞋带针法图

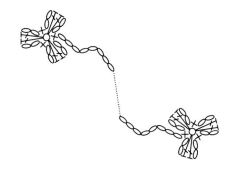

鞋子展开针法图

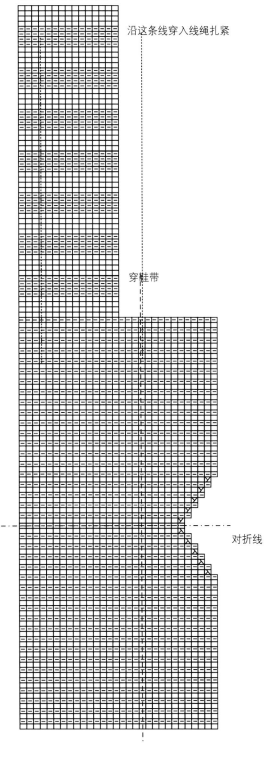

沿这条线穿入线绳扎紧

穿鞋带

对折线

橘粉色鞋

这款小鞋子在简约当中又体现出别出心裁的设计，小花边的点缀，卷边的款式，都使得这双小鞋子散发出浓浓的可爱气息。这双小鞋子是鞋袜两用的，不满1周岁小宝宝穿上它，不穿鞋子也可以保护宝宝的小脚。

❀ **成品尺寸** ❀

鞋长12.5cm，鞋宽5cm，鞋高8cm

❀ **材 料** ❀

橘粉色细毛线30g，黄色丝带少许

❀ **工 具** ❀

2mm钩针1支

[编织方法]

1.从鞋底开始钩织，按照鞋底针法图先起16针锁针，再钩4针向上的锁针，然后按图示继续钩织出鞋底。

2.鞋底钩好后直接在上面挑鞋帮，按照鞋子针法图开始钩织，共钩8行。

3.按带子针法图钩出带子和小花，并将它穿在鞋腰上即可。

结构图

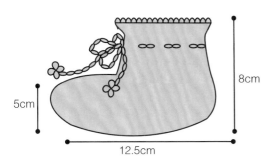

鞋底针法图

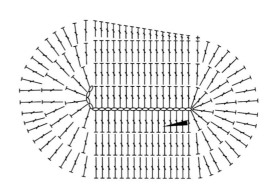

鞋子针法图

鞋腰

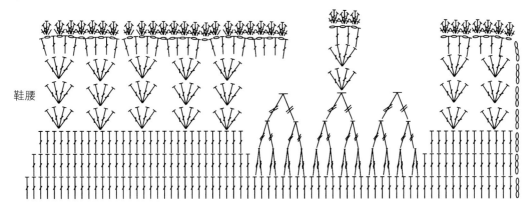

带子针法图

复古时尚鞋

通常情况下，人们喜欢给宝宝的小鞋子编织上特色的花样，或者是用非常鲜艳的颜色来吸引别人的目光。但有时候，没有任何花样的简约设计，反而能让宝宝穿得更舒服。

❀**成品尺寸**❀
鞋长12.5cm，鞋宽5cm，鞋高8cm

❀**材　料**❀
绿色、黄色、白色细毛线各10g

❀**工　具**❀
2mm钩针1支

〔编织方法〕

1.按鞋底针法图先从鞋底起针钩底，注意颜色之间的变换。
2.按鞋子展开针法图从鞋底直接挑针圈钩鞋帮和鞋腰。
3.按带子针法图钩带子，将它穿在鞋腰上即可。

结构图

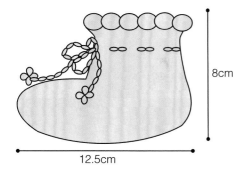

8cm

12.5cm

鞋底针法图

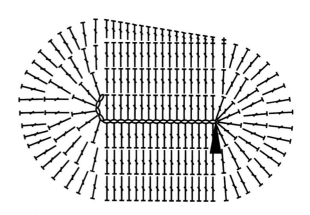

鞋子展开针法图

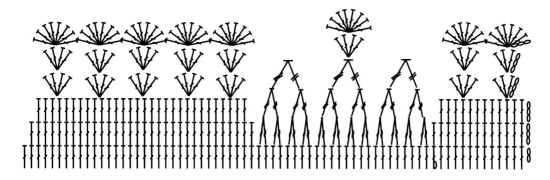

带子针法图

嫩黄·小·鞋

这双小鞋子看似简单，却处处体现出妈妈的细心；松口的设计，关爱着宝宝细腻的肌肤；丝带的设计，既能调节松紧，又是亮眼的装饰。

❀成品尺寸❀

鞋长12.5cm，鞋宽5cm，鞋高8cm

❀材料❀

细黄色毛线30g

❀工具❀

1.5mm钩针1支，10mm棒针1副

[编织方法]

1.从鞋底开始钩织，按照鞋底针法图先起16针锁针，再钩4针向上的锁针，然后按图示钩织出鞋底。

2.鞋底钩好后直接在上面挑鞋帮，按照鞋子展开针法图开始钩织，用长针钩织后，按照图示来减针，织出鞋帮和鞋带。

3.用黄丝带穿在鞋腰上即可。

结构图

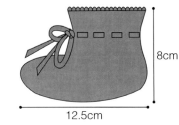

鞋底针法图

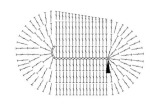

鞋子展开针法图

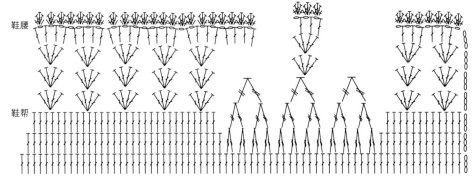

温暖手编手套

宝宝们的指甲太长了，不小心就会伤到自己，妈妈们可以尝试给自己的宝宝戴上防抓小手套，可以防止小宝宝伤害到自己哦。

红色花边·小·手套

红色的小手套既容易与其他服饰搭配，又能体现出宝宝的天真可爱。而手套上边的小花边，让整双手套子散发着可爱的气息。

❀ 成品尺寸 ❀
手套长8cm，手围15cm

❀ 材 料 ❀
红色细毛线50g，白色细毛线10g

❀ 工 具 ❀
2.3mm钩针1支

[编织方法]

1.从指尖起针开始钩织，先起12针，按照手套针法图从下向上钩织10行，记得预留拇指开口。钩织密度是35针×12.5行/10cm²。

2.换成白色毛线，按照边缘针法图来进行编织，共编织2行。

3.按照预留拇指开口针法图，在从预留的拇指开口处往指尖进行，完成后将所有的针圈用线抽拢并找打结。

4.最后按照带子针法图钩织1根40cm长的系带如图所示穿入手套腕部即可。

结构图

15cm
（52针）

8cm
（10行）

手背
长针编织

手心
长针编织

拇指开口 3行

3cm
（10针）

6行

（10针）
起针

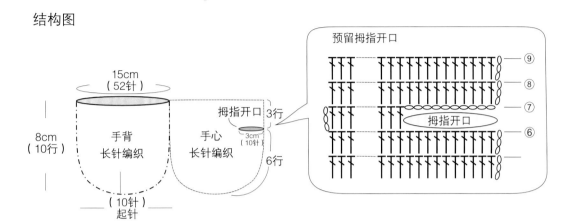

预留拇指开口

⑨
⑧
⑦
⑥

拇指开口

拇指开口挑针图

3cm
（3行）

拇指
长针编织

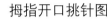

3cm
（10针）挑针

手套针法图

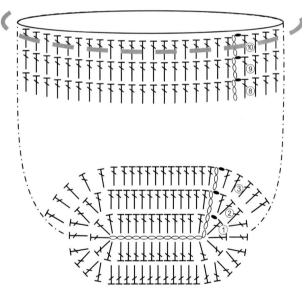

⑩
⑨
⑧

③
②
①

带子针法图

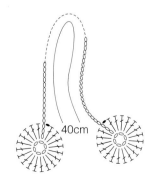

40cm

边缘针法图

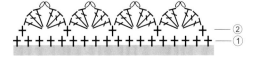

②
①

婴儿护手套

这款小手套非常适合1周岁以下的小宝宝，这个阶段的小宝宝经常会不自觉地把自己的脸抓伤，这款小手套既可以防止宝宝的皮肤被抓伤，也不会限制宝宝小手的活动。

❀ 成品尺寸 ❀
手套长10cm，手围15cm

❀ 材 料 ❀
粉红色细毛线50g

❀ 工 具 ❀
2.5mm钩针1支

[编织方法]

1.这款手套由手掌和手背组成，从指尖起针开始钩织，先起6针锁针，按照手套针法图用长针从下向上钩织10行。钩织密度是35针×12.5行/10cm²。

2.手背和手掌钩好后直接在上面挑边缘，按照边缘针法图开始钩织，共钩3行。

3.按照系带针法图，再钩织1根40cm长的系带如图示穿入手套腕部即可。

结构图

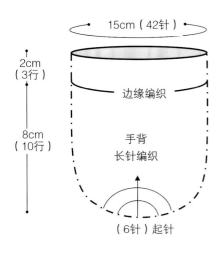

15cm（42针）

2cm（3行）

8cm（10行）

边缘编织

手背
长针编织

（6针）起针

手套针法图

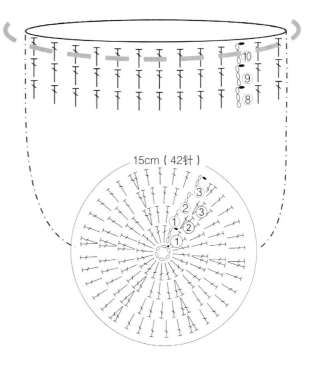

15cm（42针）

⑩ ⑨ ⑧

③ ② ③ ① ② ① ①

边缘针法图

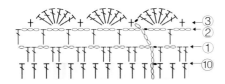

③ ② ① ⑩

系带针法图

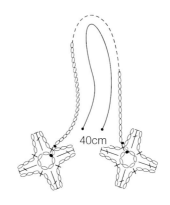

40cm

清新草莓小·手套

这是一款可爱味十足的草莓造型小手套。鲜艳的连指毛线手套显得十分温暖。白色珍珠的点缀，提升可爱度，而长长的绳子则可以挂在脖子上，不怕会丢失。

❀ 成品尺寸 ❀
手套长13cm，手围14cm

❀ 材 料 ❀
红色细毛线50g，绿色细毛线，白珍珠4颗

❀ 工 具 ❀
2.5mm钩针1支，缝针1根

[编织方法]

1.这款手套由手掌和手背组成，从指尖起针开始钩织，先起6针锁针，按照手套针法图用长针从下向上，钩到第7行的时候预留拇指开口，一共钩织13行。钩织密度是35针×12.5行/10cm²。

2.手背和手掌钩织好后直接在上面挑边缘，按照边缘针法图开始编织，共钩织4行。

3.按照系带针法图，钩织1根约60cm长的系带固定在左右手套上。

4.在手背钉上4颗装饰珍珠即可。

结构图

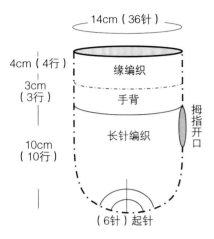

14cm（36针）

4cm（4行）　缘编织

3cm（3行）　手背

10cm（10行）　长针编织

拇指开口

（6针）起针

拇指结构图

3cm（3行）　拇指 长针编织

6cm（15针）挑针

边缘针法图

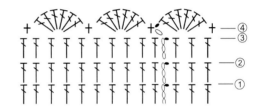

④
③
②
①

手套针法图

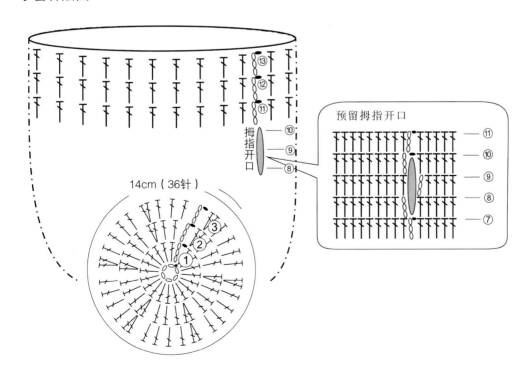

14cm（36针）

拇指开口

⑬
⑫
⑪
⑩
⑨
⑧

预留拇指开口

⑪
⑩
⑨
⑧
⑦

①②③

可爱青蛙小·手套

这是一款款式简单但又趣味十足的小手套。小小的青蛙造型停留在手套上，再加上绿色毛线的搭配，增添了趣味性。

❀ 成品尺寸 ❀

手套长12cm，手围16cm

❀ 材 料 ❀

绿色细毛线50g，白色细毛线

❀ 工 具 ❀

2.5mm钩针1支

[编织方法]

1.这款手套由手掌、手背及装饰蛙组成，从指尖起针开始钩织，先起6针锁针，按照针法图从下向上开始编织，一共钩织10行。编织密度是27.5针×14行/10cm²。

2.手背和手掌钩好后直接在上面挑边缘，按照边缘针法图开始编织，共钩3行。

3.按照大嘴针法图，用短针钩织出青蛙大嘴。

4.按照眼睛针法图，用长针编织出2只青蛙眼睛。

5.最后用短针钩织长40cm白色系带、长60cm绿色系带。白色系带如图示穿入手套腕部并在手背部打结，绿色的连接左右手套作为挂在脖子的挂绳用即可。

结构图

16cm（44针）

2cm（3行）

边缘编织

6cm（13行）

10cm（10行）

手背
长针编织

（6针）起针

大嘴
长针编织

（6针）起针

6cm（13针）

眼睛针法图A

长针编织（眼睛）

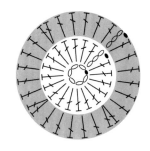

眼睛针法图B

眼睛（2只）
长针编织

3cm

— 3cm —

大嘴针法图A

短针编织（大嘴）

最后在外围钩一圈短针编织

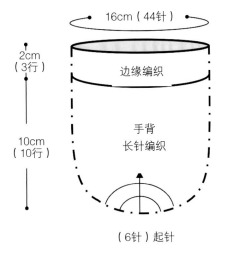

⑤
③
②
①

手套针法图

边缘编织（白色）

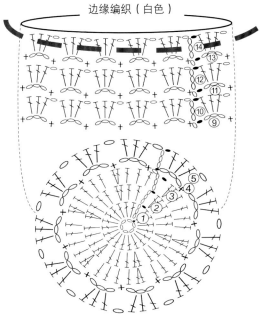

⑭
⑬
⑫
⑪
⑩
⑨

⑤
④
③
②
①

大嘴针法图B

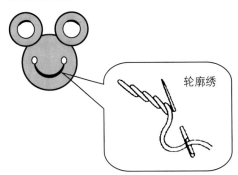

轮廓绣

紫色花朵手套

这是一款防止宝宝抓伤自己脸蛋的小手套。波浪花纹的边缘让其充满了童话般的色彩，手掌上方的花朵设计，戴在手上相当可爱、俏皮。

❀ 成品尺寸 ❀
手套长10cm，手围15cm

❀ 材 料 ❀
紫色细毛线50g，白色细毛线5g，宽1cm的紫色丝带30cm×2根

❀ 工 具 ❀
2.5mm钩针1支

[编织方法]

1.这款手套由手掌、手背及装饰花组成，从指尖起针开始钩织，先起6针锁针，按照针法图从下向上开始钩织，一共钩织10行。钩织密度是28针×12.5行/10cm²。

2.手背和手掌钩好后直接在上面挑边缘，按照边缘针法图开始钩织，一共钩织3行。

3.按照装饰针法图，钩织出花朵，用手针固定在手背部。

4.在边缘钩织的第一行穿入1cm宽的彩色丝带即可。

结构图

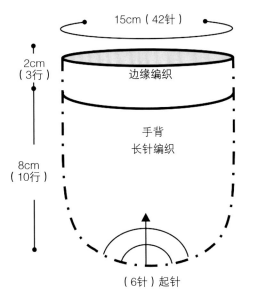

15cm（42针）

2cm
（3行）

8cm
（10行）

边缘编织

手背
长针编织

（6针）起针

手套针法图

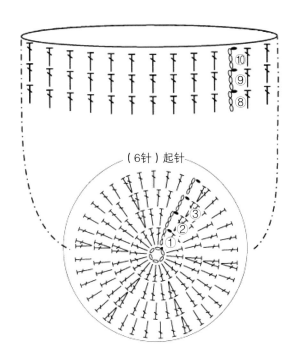

（6针）起针

⑩
⑨
⑧

③
②
①

装饰针法图

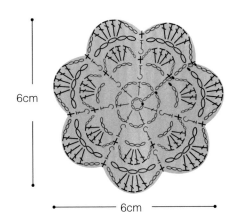

6cm

6cm

边缘针法图

边缘编织（白色）

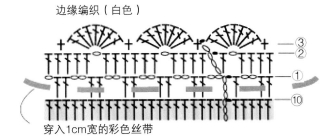

③
②
①
⑩

穿入1cm宽的彩色丝带

三色挂绳小·手套

一双毛线手套，三种格调色的相搭，加上毛球的点缀，更增添可爱气息。这样的手套柔韧性强，带在手上非常舒适。

❀成品尺寸❀
手套长14cm，手围13cm

❀材料❀
天蓝色细毛线30g，紫色细毛线20g，红色细毛线和橙色细毛线各少量

❀工具❀
3mm钩针1支

[编织方法]
1.这款手套由手掌、手背组成，从指尖起针开始钩织，先起6针锁针，按照针法图从下向上开始钩织，一共钩织10行。钩织密度是27.5针×10行/10cm²。
2.手背和手掌钩好后直接在上面挑边缘，用紫色线和红色线按照边缘针法图开始钩织，共钩4行，完成后将所有的针圈用零线抽拢并打结。
3.在手背上钩3个彩色枣形针作为装饰。
4.最后用锁针钩织1根约60cm长的系带固定在左右手套上即可。

结构图

13cm（36针）

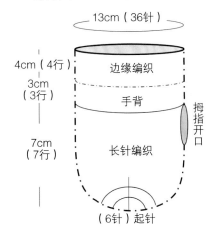

4cm（4行）　边缘编织

3cm（3行）　手背

拇指开口

7cm（7行）　长针编织

（6针）起针

拇指开口针法图

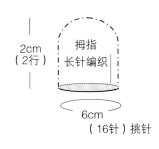

2cm（2行）　拇指长针编织

6cm（16针）挑针

手套针法图

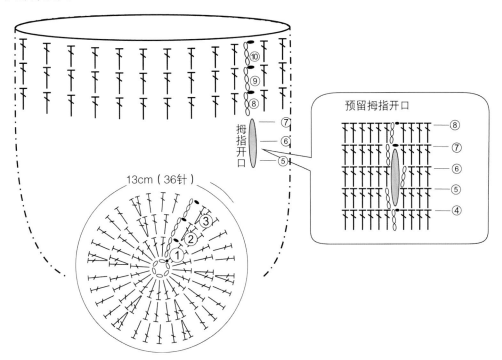

拇指开口

预留拇指开口

13cm（36针）

边缘针法图

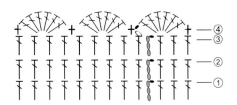

图书在版编目（ＣＩＰ）数据

宝贝温暖手编：背心·帽子·鞋袜·手套 / 尚品荟
主编. — 上海 ：东华大学出版社，2013.11
　　ISBN 978-7-5669-0378-5

　　Ⅰ.①宝… Ⅱ.①尚… Ⅲ.①儿童-服饰-手工编织
-图集 Ⅳ.①TS941.763·8-64

中国版本图书馆CIP数据核字（2013）第244392号

策划编辑：张福元
责任编辑：李惠媛
装帧设计：意童设计室

宝贝温暖手编：背心·帽子·鞋袜·手套

主编：尚品荟

参编人员：黄远燕　章雨伦　蔡有朋　李腾飞　黄莺　梁春凤　黄世武　蔡慧玲　罗丹　钟秋羽
刘群爱　陈秋杏　陈冠雄　黄淑曼　张美林　陈亚华　马羽珊

出版：东华大学出版社（上海市延安西路1882号，200051）

本社网址：http://www.dhupress.net

天猫旗舰店：http://dhdx.tmall.com

营销中心：021-62193056　62373056　62379558

印刷：深圳市彩之欣印刷有限公司

开本：787mm × 1092mm　1/16　印张：7

字数：200千字

版次：2013年11月第1版

印次：2013年11月第1次印刷

书号：ISBN 978-7-5669-0378-5

定价：28.00元